普通高等教育农业农村部"十四五"规划教材
普通高等教育农业农村部"十三五"规划教材
全国高等农林院校"十三五"规划教材
国家级实验教学示范中心植物学科系列实验教材

植物学实验指导

北方本

第二版

张宪省 李兴国 主编

中国农业出版社
北京

本教材共三个部分,包括植物形态解剖学实验、植物界的类群和被子植物分类等基础实验以及植物学实验技术。实验项目按照植物细胞和组织的结构特征、营养器官的发育和结构、植物界各大类群的形态和结构、被子植物分类知识等内容依次展开。附录主要介绍植物学实验室常用药品试剂的配制与使用。本课程可培养学生理论联系实际的能力、动手操作能力、观察和分析能力等专业技能。

本教材可作为高等农林院校植物学实验教材,亦可作为生物学工作者的参考用书。

国家级实验教学示范中心植物学科系列实验教材
编写委员会

主　任　　张宪省（山东农业大学）
　　　　　　吴伯志（云南农业大学）
副主任　　李　滨（山东农业大学）
　　　　　　崔大方（华南农业大学）
　　　　　　彭明喜（中国农业出版社）
委　员　　（按姓氏笔画排列）
　　　　　　李　滨（山东农业大学）
　　　　　　李保同（江西农业大学）
　　　　　　杨学举（河北农业大学）
　　　　　　肖建富（浙江大学）
　　　　　　吴伯志（云南农业大学）
　　　　　　邹德堂（东北农业大学）
　　　　　　张金文（甘肃农业大学）
　　　　　　张宪省（山东农业大学）
　　　　　　陈建斌（云南农业大学）
　　　　　　周　琴（南京农业大学）
　　　　　　项文化（中南林业科技大学）
　　　　　　崔大方（华南农业大学）
　　　　　　彭方仁（南京林业大学）
　　　　　　彭明喜（中国农业出版社）
　　　　　　蔺万煌（湖南农业大学）
　　　　　　燕　玲（内蒙古农业大学）

第二版编写人员

主　　编　张宪省（山东农业大学）
　　　　　李兴国（山东农业大学）
副 主 编（按编写内容先后顺序排列）
　　　　　王瑞云（山西农业大学）
　　　　　刘　霞（河北农业大学）
　　　　　孔兰静（山东农业大学）
　　　　　魏东伟（河南农业大学）
参编人员（按编写内容先后顺序排列）
　　　　　王　芳（山东农业大学）
　　　　　高新起（山东农业大学）
　　　　　安艳荣（山东农业大学）
　　　　　赵翔宇（山东农业大学）
　　　　　别晓敏（山东农业大学）
　　　　　彭卫东（山东农业大学）

第一版编写人员

主　　编　张宪省（山东农业大学）
　　　　　　李兴国（山东农业大学）
副 主 编　（按编写内容先后顺序排列）
　　　　　　王瑞云（山西农业大学）
　　　　　　刘　霞（河北农业大学）
　　　　　　彭卫东（山东农业大学）
　　　　　　魏东伟（河南农业大学）
参编人员　（按编写内容先后顺序排列）
　　　　　　王　芳（山东农业大学）
　　　　　　高新起（山东农业大学）
　　　　　　安艳荣（山东农业大学）
　　　　　　赵翔宇（山东农业大学）
　　　　　　孔兰静（山东农业大学）

第二版前言

植物学实验课程面向高等院校的生物科学、生物技术和植物生产类各专业开设。课程的教学任务是训练学生的动手能力、观察能力、理论联系实际的能力，巩固植物学课程学习内容，达到掌握植物细胞和组织的结构、植物形态结构特征、系统演化规律和分类基础知识的目标。

为保持教材的连续性，本版教材继续沿用第一版教材的框架，并主要做了以下修订：

1. 增加几个新的实验项目。例如，鉴于液泡是植物的特有结构，本教材新增关于液泡的中性红染色实验；考虑到花粉的发育是连续的过程，本教材新增有关花粉母细胞用改良卡宝品红染色和观察的实验，这也为学生将来从事植物有性生殖发育研究和农作物遗传学研究打下了必要的基础。

2. 更换了数个模式图，以期能更加准确地还原植物的真实结构，便于学生更好地理解教材内容。

3. 根据现代植物分类学的研究成果，摒弃了"合瓣花亚纲"的概念，采用"合瓣花类"的提法；恢复了"节旋藻属"。

4. 对部分植物的学名进行了订正，对书中的其他内容也做了相应修改。

本教材的内容和编排由张宪省、李兴国规划设计。实验一由王瑞云、王芳编写；实验二由王瑞云、高新起编写，实验三由王瑞云、安艳荣编写，实验四和实验五由刘霞、赵翔宇编写，实验六由刘霞、孔兰静编写，实验七由刘霞、李兴国编写，实验八由王芳、李兴国编写，实验九由安艳荣、别晓敏编写，实验十由孔兰静编写，实验十一由彭卫东编写，实验十二由魏东伟、李兴国编写，实验十三、十四、十五由魏东伟、彭卫东编写，"植物学实验技术"由张宪省、高新起、王瑞云编写。全书由张宪省、李兴国负责统稿，孔兰静协助文字处理。

  教材改革始终在路上。本版教材虽经修订，但仍难免有不足之处，敬请同行专家和使用者提出宝贵意见并给予批评指正。

编　者
2020年12月于泰安

第一版前言

植物学实验课程是面向植物生产类各专业开设的必修课程。教学的主要目标是使学生掌握植物细胞和组织的结构、植物的形态结构特征、系统演化和分类等方面的基础知识。提高实验课的教学质量是使学生系统掌握和巩固植物学课程学习内容的必然要求，也是培养学生独立思考和动手能力，提高学生分析问题和解决问题能力的必要环节。

以往的实验课教学中大多开设验证性实验，不利于学生独立思考和动手能力的培养。我们在多年开设植物学实验课程的基础上，总结多年来教学过程中的经验教训，借鉴兄弟院校教学改革经验和植物学实验教材优点，编写了这本《植物学实验指导》（北方本）教材。在实验材料的选择上，注重北方常见、分布广泛并且容易取得等方面，以方便实验材料的准备。使用者可根据当地植物的种类和教学实践等实际情况对植物材料做适当选择或调整。

本教材的第一部分为植物形态解剖学实验，第二部分为植物界的类群和被子植物分类，第三部分为植物学实验技术。实验类型包括基础实验和综合提高型实验。共设计15个实验，4个植物学实验技术。考虑到实验项目的完整统一和连续性，将综合提高型实验设计到不同的基础实验或实验技术中。特别需要指出的是，目前在植物学的科学研究中，GUS染色技术的应用已非常普遍。其试剂配制和操作方法简单易学，所需的实验材料亦较容易获取，不需要复杂精密的仪器设备。本教材将其穿插列入2个实验项目中，并在植物学实验技术部分对相关试剂的配制和实验流程做了较详尽的描述。通过基础实验的训练，使学生掌握植物学基础的实验内容和基本技能。通过综合提高型实验的学习，主要培养学生对科学的自主探究和创新思维的能力。附录为实验室常用药品试剂的配制与使用。

  本教材的内容和编排由张宪省和李兴国规划设计。实验一由王瑞云和王芳编写；实验二由王瑞云和高新起编写，实验三由王瑞云和安艳荣编写，实验四和实验五由刘霞和赵翔宇编写，实验六由刘霞和孔兰静编写，实验七由刘霞和李兴国编写，实验八由王芳和李兴国编写，实验九由安艳荣编写，实验十由孔兰静编写，实验十一由彭卫东编写，实验十二由魏东伟和李兴国编写，实验十三、实验十四和实验十五由魏东伟和彭卫东编写，植物学实验技术部分由张宪省、高新起和王瑞云编写。全书由张宪省和李兴国负责统稿。

  本教材适于我国北方地区高等农林院校和综合性院校的植物生产类专业以及生物学专业的学生和教师使用，也可供其他相关专业人员参考。

  由于编者水平有限，书中的谬误之处恐难避免，敬请使用者提出宝贵意见并给予批评指正。

编 者
2015 年 5 月

目 录

第二版前言

第一版前言

第一部分　植物形态解剖学实验 …………………………………… 1

实验一　显微镜的结构和使用 ………………………………………… 3

实验二　植物细胞的基本结构 ………………………………………… 9

实验三　植物组织 ……………………………………………………… 15

实验四　根的发育和结构 ……………………………………………… 19

实验五　茎的发育和结构 ……………………………………………… 26

实验六　叶的发育和结构 ……………………………………………… 32

实验七　营养器官的变态 ……………………………………………… 37

实验八　花药和花粉粒的发育和结构 ………………………………… 43

实验九　雌蕊的形态结构及胚囊的发育与结构 ……………………… 47

实验十　种子和果实 …………………………………………………… 51

第二部分　植物界的类群和被子植物分类 ………………………… 63

实验十一　低等植物：蓝藻、真核藻类、地衣 ……………………… 65

实验十二　颈卵器植物 ………………………………………………… 72

实验十三　被子植物分科（离瓣花类） ……………………………… 81

实验十四　被子植物分科（合瓣花类） ……………………………… 91

实验十五　被子植物分科（单子叶植物）……………………………… 95

第三部分　植物学实验技术 …………………………………………… 99

一、徒手切片和临时制片技术 …………………………………………… 101

二、石蜡切片技术 ………………………………………………………… 102

三、离析制片法 …………………………………………………………… 104

四、GUS 染色技术 ………………………………………………………… 105

附录　植物学实验常用药品试剂的配制与使用 ………………………… 107

参考文献 …………………………………………………………………… 110

第一部分

植物形态解剖学实验

实验一
显微镜的结构和使用

一、目的和要求

1. 掌握光学显微镜的基本构造。
2. 学会正确使用光学显微镜及其保护方法。

二、材料和器具

1. 永久制片 洋葱根尖永久制片等。
2. 器具 光学显微镜等。

三、内容和方法

（一）光学显微镜的构造

显微镜的种类很多，可分为光学显微镜和电子显微镜两大类。光学显微镜是以可见光作光源，用玻璃制作透镜的显微镜，可分为单式显微镜与复式显微镜两类。单式显微镜结构简单，复式显微镜结构比较复杂。复式显微镜至少由两组透镜组成，放大倍数可达1 250倍，最高分辨率为0.2 μm（1 μm = 1/1 000 mm），是植物形态解剖实验最常用的显微镜。虽然显微镜种类很多，每一种又有若干型号，但其基本构造是一样的。显微镜的构造可分为保证成像的光学系统和用以安装光学系统的机械部分（图1-1）。

今以内置光源双目光学显微镜为例介绍其构造及其使用。

1. 机械部分

（1）镜座。镜座为显微镜的底座，支持整个镜体，使之放置稳定。

(2) 镜臂。镜臂是取放显微镜时手握的地方,连接并支撑镜筒、载物台等机械部分。

(3) 镜筒。镜筒是一中空的金属圆筒,其上端放置目镜,下端与物镜转换器相连,并使目镜和物镜的配合保持一定的距离,一般是 160 mm,有的是 170 mm。其作用是保护成像的光路与亮度。

(4) 物镜转换器。物镜转换器为一金属圆盘,位于镜筒下方,由两个凹面向上的金属圆盘构成。上盘固定在镜筒下方。下盘与上盘相连;下盘上有 3~4 个螺旋圆孔,以安装不同倍数的物镜;下盘中央有一螺旋与上盘相连,可以转动,以更换物镜。当物镜固定在使用的位置上时,可保证物镜与目镜的光线合轴。

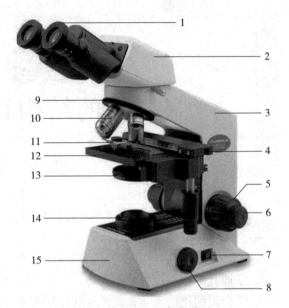

图 1-1 光学显微镜的构造
1. 目镜 2. 镜筒 3. 镜臂 4. 标本推进器 5. 粗调焦轮
6. 细调焦轮 7. 电源开关 8. 光调节旋钮
9. 物镜转换器 10. 物镜 11. 玻片夹 12. 载物台
13. 聚光器 14. 光源 15. 镜座

(5) 载物台。载物台为圆形或方形平台,是放置玻片标本的地方,台中央有一个圆形通光孔。

(6) 标本推进器。标本推进器为载物台上用以固定和移动玻片标本的结构。标本推进器上装有游标尺,用以计算标本大小或标记被检标本的部位。

(7) 调焦装置。调焦装置在镜臂两侧,分大小两种:大的为粗调焦轮,向内或向外转动一周,可使载物台上升或下降 0.1 cm,使用低倍镜观察材料时必须先用其校准焦距;小的为细调焦轮,旋转一周可使载物台升降 0.1 mm,使用高倍镜观察材料时用其调焦。

(8) 光调节旋钮。光调节旋钮用于调节内置光源光的亮度。

(9) 聚光器调节旋钮。聚光器调节旋钮可以使聚光器上下移动,以调节光线。

2. 光学部分 光学部分由成像系统和照明系统组成。成像系统包括物镜和目镜,照明系统包括内置光源、聚光器和虹彩光圈。

(1) 物镜。物镜是决定显微镜性能和分辨率的最重要部件。它由 1～5 组透镜组成，其功能是聚集来自标本的光线，使标本第一次放大成一个倒立的实像。

①放大倍数：一般物镜的放大倍数都在镜头上注明，放大倍数为 4～100。常用的低倍镜为 4×、10×，中倍镜为 20×，高倍镜为 40×，油镜为 100×。

②工作距离：工作距离是指物镜最下面透镜的表面到盖玻片上表面之间的距离。物镜的放大倍数越大，它的工作距离越小。低倍镜的工作距离为 6.5 mm，高倍镜为 0.6 mm，而油镜仅为 0.2 mm，使用时要倍加注意。

③焦点深度：焦点深度是指视野中垂直范围内所能清晰观察到的界限。在用不同倍数的物镜观察物体时，所能看到垂直的清晰范围是不同的。物镜的倍数越大，焦点深度越浅。

④分辨率：分辨率是指显微镜能分辨两个物体点之间的最短距离，是衡量显微镜质量优劣的主要根据。分辨率与镜口率（又称数值孔径）关系很大，镜口率越大，分辨率越高。目前光学显微镜的分辨率通常为 1 μm（10×物镜）、0.42 μm（40×物镜）和 0.22 μm（100×油镜）。

(2) 目镜。目镜安装在镜筒上端，其作用是将由物镜放大的倒立实像放大成一个正立的虚像。目镜仅起放大物像的作用，并不增加显微镜的分辨率。其上刻有放大倍数，通常为 10 倍（10×）。

(3) 聚光器。聚光器安装在载物台下，一般由 2～3 个凸透镜组成，上面的透镜是平面的。它的功用是收集从光源射来的平行光线，并汇集成光束，集中在一点，以增强照明度，再经过被检物体照射到物镜中去。利用齿轮和齿条升降，能调节光线的强弱。

(4) 虹彩光圈。虹彩光圈装在聚光器之下，由一片压一片的铁片组成。调拨操纵杆可以改变光圈的大小，调节光线的强弱和调整图像的反差。

(5) 内置光源。内置光源又称照明器，通常位于镜座内，安装有高亮度的卤素灯，可以利用光调节旋钮调节光线强弱。

（二）显微镜的成像原理

显微镜的物镜与目镜各由若干个透镜组成，但可以把它们各看成是一个凸透镜（图 1-2）。根据凸透镜的成像原理，若标本在 F_1 和

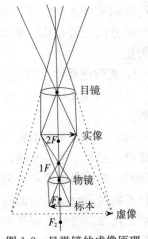

图 1-2 显微镜的成像原理

F_2 之间（F 为焦距），则应在 $2F$ 之外成倒立放大的实像。这个物镜所成的像，从显微镜的设计上已考虑到让它正落在目镜的 F 之内，使得物镜所成的像又经过一次放大而成正立的虚像于 250 mm（即明视距离）处。因此，在观察标本时，就可以理解标本与通过显微镜所成的像是方向相反的。

（三）显微镜的使用方法和注意事项

1. 取镜与放置　打开镜箱，从中取出显微镜。取镜时，用右手握住镜臂，左手托住镜座，使镜体保持直立。将显微镜轻轻放在实验台桌上，一般放在左侧，距离桌边 5～6 cm 处，镜臂对向自己胸前，以便于观察和防止显微镜掉落。

2. 清洁　检查显微镜是否有故障，是否清洁；金属部分如有灰尘污垢，可用干净软布擦拭。透镜有污垢，要用擦镜纸擦拭，绝不可用手帕擦。如有胶或黏性物质，可用少量二甲苯清洁。

3. 对光　接上电源线，打开开关，将光线调到合适的亮度。

4. 安装标本　将玻片标本放在载物台上，注意有盖玻片的一面一定朝上，否则用高倍镜观察时无法调焦，而且玻片标本易被损坏。然后用玻片夹将玻片卡紧，转动标本推进器的螺旋，使欲观察的材料对准通光孔中央。

5. 低倍镜观察　观察任何标本时，都必须先使用低倍镜，因为其视野大，易发现目标和确定要观察的部位。先转动粗调焦轮，使载物台上升，物镜逐渐接近玻片。需要注意，不能使物镜触及玻片，以防镜头将玻片压碎。然后，双眼注视目镜内，转动粗调焦轮，使载物台慢慢下降，不久即可看到玻片中材料的放大物像。如果在视野内看到的物像不符合实验要求（物像偏离视野），可慢慢调节标本推进器。调节时应注意玻片移动的方向与视野中看到的物像移动的方向正好相反。如果物像不甚清晰，可以调节细调焦轮，直至物像清晰为止。

6. 高倍镜观察　当物体需要进一步放大观察时，可用高倍镜观察。

（1）用低倍镜调好焦距，使物像清晰后，将需观察的部位移至视野中央。

（2）小心转动物镜转换器，使高倍镜头对准载物台中央，这时物像大致仍在焦点，但并不十分准确，只需略微转动细调焦轮，即可使物像清晰。用细调焦轮时，只能向前或向外旋转半圈，不能超过 180°；换成高倍镜后，经过调焦仍不能发现物像，应退回低倍镜，检查物像是否在视野中央，将物像移至中央后，再换高倍镜，调焦至物像清晰。因高倍镜的工作距离很短，操作时要十分仔细，以防镜头碰击玻片，尤其不可使用粗调焦轮。

（3）一般将低倍镜换成高倍镜观察时，视野要稍变暗一些，所以需要调节光线强弱，可根据需要调节虹彩光圈的大小或聚光器的高低，使光线符合要求。

7. 调换玻片标本 观察完毕，如需换看另一玻片标本时，转动物镜转换器，将高倍镜换成低倍镜，取出玻片，换上新玻片标本，然后重新从低倍镜开始观察。千万不要在高倍镜下换玻片，以免损坏镜头。

8. 油镜的观察 在使用油镜前，必须先用低倍镜找到被检物体，再用高倍镜调焦，待被检物体移至视野中央后，在盖玻片上滴加一滴香柏油（或其他浸没油），再换油镜观察。在用油镜观察标本时，绝对不允许使用粗调焦轮，只能用细调焦轮调焦。如盖玻片过厚，则不能聚焦，需重新调换，否则就会压碎玻片或损伤镜头。油镜使用完毕，需立即用棉棒或擦镜纸蘸少许清洁剂（乙醚和无水乙醇的混合液），将镜头上残留的油迹擦去。否则待香柏油干燥后，很难擦净，且易损坏镜头。

9. 显微镜使用后的整理 观察完毕后将载物台下降，取下玻片标本，转动物镜转换器，使物镜镜头转离通光孔，再将载物台下降到适当高度，并将标本推进器移到适当位置。将光线旋到最弱时关闭光源。用软布擦净镜体，然后右手握住镜臂，左手托住镜座放回显微镜柜内。

（四）显微镜的使用注意事项

（1）显微镜是精密仪器，操作时动作要轻，不允许随便拆卸。如有故障，应及时报告指导教师处理。不同显微镜之间，不可随便调换目镜或物镜。

（2）观察临时制片时，不要让玻片中的液体流到载物台上，更不能使酸、碱及其他化学药品与显微镜接触。

（3）发现物镜或目镜不清洁时，要用擦镜纸从镜头中心离心式地向外擦拭。切不可用手指、手帕、棉布等擦拭，以免划坏或污染镜头。若镜头上有油污，可先用擦镜纸蘸少许镜头清洁剂（70%乙醚、30%乙醇的混合液）或二甲苯擦拭，然后再用干净擦镜纸擦拭。

（五）显微镜的使用操作练习

按要求从镜箱中取出显微镜，首先熟悉显微镜各部分构造的名称和用途，然后进行操作练习。先用低倍镜进行练习。再换至高倍镜，注意其视野亮度与低倍镜下的区别，思考如何调整其亮度。取洋葱根尖永久制片或其他永久制片，先用低倍镜调焦，再换高倍镜观察，注意比较高、低倍镜下视野范围和焦点深度的差异。

四、作业与思考题

1. 光学显微镜的构造包括哪些部分？
2. 简述使用光学显微镜的基本步骤与注意事项。

植物细胞的基本结构

一、目的和要求

1. 掌握临时制片的制作方法。
2. 掌握光学显微镜下植物细胞的基本结构。
3. 了解植物细胞后含物的形态、结构、存在部位及细胞化学鉴定方法。
4. 学习并掌握生物绘图的原则和技巧。

二、材料、器具和试剂

1. 植物材料 洋葱肉质鳞叶、紫竹梅叶、辣椒成熟的果实、胡萝卜肉质直根、番茄成熟的果实、黑藻叶、马铃薯块茎、蓖麻种子、花生种子、小麦颖果、洋葱（蒜）半干鳞叶、松茎木质部离析材料等。

2. 永久制片 柿胚乳细胞制片、松茎三切面制片、夹竹桃叶片横切制片、小麦颖果纵切制片等。

3. 器具 光学显微镜、镊子、载玻片、盖玻片、吸水纸、刀片等。

4. 试剂 I_2-KI 溶液、中性红染色液、Ringer 溶液、苏丹Ⅲ溶液等。

三、内容和方法

1. 洋葱鳞叶表皮细胞的观察——临时制片法 先取洁净的载玻片，在上面加一滴蒸馏水。

取材：取新鲜洋葱肉质鳞叶，用刀片在其凹面横切几条裂口，再纵切几条裂口（裂口间距约 0.5 cm），用镊子撕取一小片表皮。表皮撕下后，立即放入载玻片的水滴中（靠近叶肉的面朝下），要避免表皮褶皱，若发生皱褶或重叠，可用镊子或解剖针将其铺平。

染色和封片：在材料上滴 1～2 滴 I_2-KI 溶液，盖上盖玻片。加盖玻片时应用镊子夹取盖玻片一侧，使盖玻片另一侧接触水滴，然后轻轻放下盖玻片，目的是防止盖玻片下产生很多气泡。如果装片中有气泡，可用镊子轻轻敲打盖玻片，驱除气泡。

清洗：静置 5～10 min 后，从盖玻片的一侧滴上 1～2 滴蒸馏水（滴在盖玻片边缘的载玻片上），然后用吸水纸自另一端将盖玻片下的染液吸去，把蒸馏水引入盖玻片与载玻片之间。

观察：在低倍镜下观察洋葱表皮，呈现网格状结构，每一网眼即为一个细胞，网格为细胞壁。细胞排列紧密没有细胞间隙。然后选择最清晰的部分移到视野中央，用高倍镜对表皮细胞的内部结构及相邻细胞进行仔细观察。可以看到洋葱表皮细胞的细胞壁、细胞核、核仁等。如果光线调节合适，可以观察到细胞质和液泡大概的范围（图 2-1）。

2. 液泡 取洁净的载玻片，在上面加一滴中性红染色液，撕取一小片洋葱肉质鳞叶的表皮，迅速放入染色液中，盖上盖玻片，染色 5～10 min。用滤纸从盖玻片一侧吸去染色液，再滴加 Ringer 溶液。在显微镜下观察，可见液泡呈现红色，而胞基质近无色。

3. 质体

（1）白色体。白色体是不含可见色素的质体，多存在于幼嫩细胞或储藏细胞中，有些植物叶的表皮细胞中也有白色体。

撕取紫竹梅叶下表皮，观察气孔器的副卫细胞或表皮细胞中的白色体（图 2-2 和彩版 1F），它们多位于细胞核的周围，圆球形，无色。

（2）叶绿体。利用上述紫竹梅叶下表皮制片，观察保卫细胞中的绿色颗粒，即为叶绿体（图 2-2 和彩版 1G）；或取黑

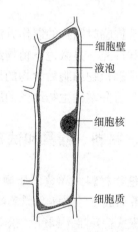

图 2-1　光学显微镜下的洋葱鳞叶内表皮细胞

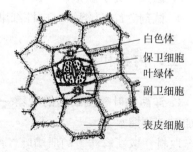

图 2-2　紫竹梅叶下表皮细胞

藻叶观察，可见长方形的细胞中含有许多叶绿体。

(3) 有色体。常存在于红黄色的花瓣或成熟的果实，以及胡萝卜肉质直根的细胞中。

取番茄或辣椒成熟的果实，刮取一点果肉做成临时制片，置低倍镜下观察，选择薄而清晰的区域换高倍镜下观察，可看到许多橘红色的小颗粒，即有色体（彩版 1H）。

取胡萝卜的肉质直根进行徒手切片，选取较薄的切片制成临时装片，先用低倍镜后用高倍镜观察，可见细胞内有许多橘红色的针状结构，即有色体。

4. 胞间连丝 取柿胚乳细胞制片观察，细胞呈多边形，初生壁很厚，细胞腔很小，近于圆形，高倍镜下仔细观察可见到相邻两个细胞壁上有许多胞间连丝穿过（图 2-3 和彩版 1B）。

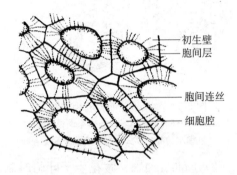

图 2-3 柿胚乳细胞（示胞间连丝）

5. 后含物

(1) 淀粉粒。取马铃薯块茎做徒手切片，制成临时制片，在低倍镜下可看到大小不同的卵圆形或圆形颗粒，即为淀粉粒。选择颗粒不稠密且互不重叠处换用高倍镜观察，可见淀粉粒的脐点和轮纹。淀粉粒有单粒、复粒和半复粒 3 种（图 2-4）。

利用显微镜的微分干涉差或相差功能对上述制片进行观察，

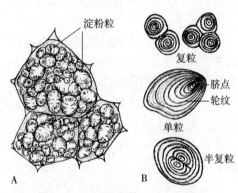

图 2-4 马铃薯块茎中的淀粉粒
A. 马铃薯块茎的细胞中充满淀粉粒
B. 马铃薯淀粉粒的类型

可发现淀粉粒在偏振光照射下表现出双折射性，称为偏光十字纹（彩版 1C 和彩版 1D）。这种光学现象说明淀粉粒具有晶体性质。

(2) 蛋白质。取蓖麻或花生种子，做徒手切片，制成临时制片后在显微镜下观察。可见每个细胞中都含有许多椭圆形的糊粉粒，每个糊粉粒外为无定形蛋白，中间有 1～2 个球晶体和 1 至多个多面形的拟晶体（图 2-5）。

取小麦颖果纵切制片，在低倍镜下观察种皮内侧胚乳的最外层。这是由方形细胞组成的糊粉层，其细胞中有很多小球状的糊粉粒（图2-6），换高倍镜下仔细观察。

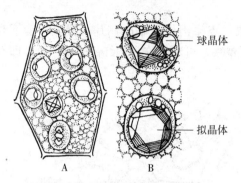

图 2-5　蓖麻胚乳细胞的糊粉粒
A. 一个胚乳细胞（示含有多个糊粉粒）
B. 胚乳细胞的部分放大（示含有两个糊粉粒）

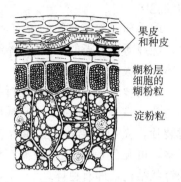

图 2-6　小麦颖果纵切面（示糊粉层）

（3）脂肪、油滴。做花生子叶临时制片，用苏丹Ⅲ溶液染色，然后观察，可看到细胞中被染成橘黄色,圆形而透明的脂肪油滴。有些油滴会逸出细胞之外。

（4）晶体。

①单晶体：割取洋葱(或蒜)一小片较薄的半干鳞叶，做临时装片。在高倍镜下可看到细胞中长方形或多边形的单晶体。

②针形结晶体：撕取紫竹梅叶片的下表皮，做临时制片。在低倍镜下即可见到针形的结晶体，它们常被挤压到细胞外。

③晶簇：观察夹竹桃叶片横切制片，在有些叶肉细胞中具有漂亮的花朵似的晶簇（图2-7）。

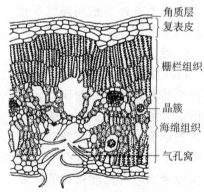

图 2-7　夹竹桃叶片横切面中的叶肉细胞（示晶簇）

6. 纹孔

（1）取充分吸胀的小麦果实，用镊子撕取果皮的表皮，做成临时装片，显微镜下可观察到两相邻细胞的细胞壁上多处相对的凹陷，即单纹孔（彩版1E）。

（2）取松茎木质部离析材料，临时制片，可见管胞壁上的具缘纹孔。

（3）取松茎三切面制片，从低倍镜到高倍镜观察横切面和切向切面，可见管胞径向壁上的具缘纹孔剖面；观察径向切面，可见具缘纹孔具3个同心圆。

附：生物绘图法

生物绘图是学习植物形态解剖和植物分类必须掌握的技能和技巧。通过绘图可以帮助我们更好地理解植物体外部形态和内部结构特征。生物绘图包括解剖图和轮廓图。

生物绘图首先要求科学性和准确性，即所绘图大小及各部分的比例要准确恰当。因此，应在仔细观察所绘对象的基础上，准确描绘出形态和结构。

绘图采用点线法，即用线条和圆点描绘形态和结构。细胞结构各部分用线条表示，线条要粗细均匀，自然流畅，接头处不留痕迹。用密集程度不同的圆点来表示细胞各部分颜色的深浅或折光率的差别，尤其注意不得涂抹阴影。打的点要圆、细，大小一致。这就要求打点时铅笔要垂直于实验报告纸。

绘图的基本用具：HB、2H、3H铅笔各一支（至少一支2H铅笔），橡皮擦，实验报告纸，铅笔刀和直尺等。

绘制植物形态解剖图的基本步骤和要求：

（1）绘图前首先确定图的布局，可根据绘图数量及图纸大小来安排图的位置及确定图的大小。在图右侧要留出注字位置，图下方留出书写图题的空间。在允许范围内应充分放大，以便能清楚地表示各部分的结构特点和相互关系。

（2）先绘草图，即用削尖的HB铅笔轻轻在图纸上勾画出图形轮廓，以便于修改，勾画草图时要注意图的轮廓和各部分比例是否与实物相符合。

（3）草图经修改后，用硬铅笔勾出形态和结构的轮廓。

（4）所绘对象各部分颜色的深浅或物质的浓密程度用圆点的疏密来表示。

（5）在图的右侧书写图注，用平行线引出，右端齐头。

（6）在图的下方书写图题（包括植物名称、材料及部位、放大倍数等信息）。

（7）实验报告纸的内容一律用铅笔书写。

（8）保持实验报告纸的整洁。

四、作业与思考题

1. 绘制洋葱鳞叶内表皮细胞。
2. 绘制马铃薯块茎中的淀粉粒。
3. 光学显微镜下观察不到植物细胞的哪些结构？为什么？这些结构是否

存在于每一个植物细胞中？

4. 比较3种质体的形状、颜色、存在部位及功能。

5. 什么是纹孔？什么是胞间连丝？它们有何生理功能？

6. 植物细胞后含物在植物体的哪些器官中含量较多？

实验三 植物组织

一、目的和要求

1. 掌握植物体各种组织的类型及分布部位。
2. 掌握各种组织的细胞形态结构特征及与其功能的适应性。

二、材料和器具

1. 植物材料　蚕豆苗、小麦叶片、松茎木质部离析材料、芹菜叶柄、梨果实、橘皮、幼嫩的番茄茎等。

2. 永久制片　洋葱根尖纵切制片、松茎管胞离析制片、松茎三切面制片、南瓜茎横切制片、南瓜茎纵切制片、松针叶横切制片、棉花老茎横切制片等。

3. 器具　光学显微镜、镊子、载玻片、盖玻片、吸水纸、刀片等。

三、内容和方法

(一) 分生组织

取洋葱根尖纵切制片在低倍镜下观察，可见根冠后部的分生区细胞体积小，一般近于等直径、细胞质浓、间期细胞核明显；分裂期细胞染色体的形态各异（彩版 1A）。换高倍镜下观察，比较分析有丝分裂各时期的特征。

(二) 保护组织

1. 初生保护组织——表皮　蚕豆叶表皮细胞观察：撕取蚕豆叶下表皮，做临时制片。在高倍镜下观察，表皮细胞为不规则形状；排列紧密，没有细胞间隙；细胞内无叶绿体；细胞核位于细胞边缘，细胞中央常为中央大液泡占据。在表皮细胞之间还分布着许多气孔器。蚕豆的气孔器由一对肾形的保卫细胞和保卫细胞之间围成的胞间隙——气孔构成（图3-1）。其中保卫细胞中含有大量的叶绿体，靠近气孔处的细胞壁较厚。

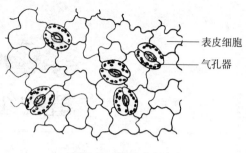

图 3-1　蚕豆叶表皮

小麦叶表皮细胞观察：取新鲜叶，用刀片将叶片一面的表皮、叶肉和叶脉刮掉，剩下无色透明的叶表皮。切取下一小片表皮做成临时制片观察，可看到表皮细胞多为长条形细胞，称为长细胞；表皮细胞的侧壁常呈波纹状，相邻的表皮细胞镶嵌紧密。在纵列的长细胞之间夹有短细胞。气孔器是由一对哑铃形的保卫细胞和位于保卫细胞外侧的一对副卫细胞及保卫细胞之间的气孔构成（彩版1I）。

2. 次生保护组织——周皮　棉花老茎横切制片观察：在外方有几层被染成褐色的细胞，特点是细胞排列紧密，细胞壁明显增厚，无胞间隙，这几层细胞就是木栓层。在木栓层内侧的蓝绿色扁平细胞，为木栓形成层。在木栓形成层内侧的薄壁细胞，是栓内层。木栓层、木栓形成层及栓内层共同构成周皮。

（三）输导组织

1. 导管、筛管和伴胞　在低倍镜下观察南瓜茎纵切制片（通常为番红-固绿双重染色制片），可见一些被染成红色的具有各种花纹的一连串管状细胞，这就是各种类型的导管（图3-2）。红色的花纹为次生壁（注意观察次生壁外方有被染成蓝色的初生壁）。其中，环纹导管和螺纹导管直径较小，梯纹导管和网纹导管直径较大。

位于木质部两侧、被染成蓝色的为韧皮部。其中一些口径较大的长管状结构为筛管。在高倍镜下，相邻两个筛管分子连接处的端壁（筛板）略微膨大，染色较深。筛板中可观察到筛孔。筛管旁紧贴着一个或几个染色较深、细长的伴胞。

2. 管胞　取松茎管胞离析制片（或取松茎木质部离析材料少许，置于载玻片上做成临时制片）进行观察。成熟的管胞分子为长梭形，端壁倾斜，细胞壁加厚木质化，细胞壁上有具缘纹孔。管胞分子也有多种类型：螺纹管胞、环纹管胞、梯纹管胞、网纹管胞和孔纹管胞。

再取松茎三切面制片，从横切面、径向切面及切向切面转换观察，管胞的

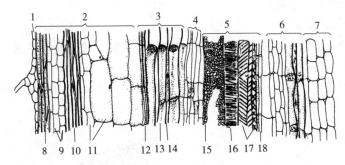

图 3-2　南瓜茎纵切面

1. 表皮　2. 皮层　3. 外韧皮部　4. 形成层　5. 木质部　6. 内韧皮部
7. 髓部细胞　8. 厚角组织　9. 皮层薄壁组织　10. 纤维　11. 皮层薄壁组织
12. 原生韧皮部　13. 筛管　14. 伴胞　15. 网纹导管　16. 梯纹导管
17. 螺纹导管　18. 环纹导管

（引自何凤仙，2000）

横切面呈圆形。

（四）机械组织

1. 厚角组织　取芹菜叶柄，做横切徒手切片进行观察。在横切面上，厚角组织分布于叶柄外围突起的棱角处，紧接表皮内侧。其细胞特点是：细胞壁透亮，细胞壁角隅处加厚，看起来很像一星芒状结构。其中暗灰色的"洞穴"是细胞腔，里面充满原生质体（彩版 1J）。

2. 厚壁组织　纤维：观察南瓜茎横切制片，在皮层部分被染成红色、多边形、细胞壁强烈加厚只剩中间小孔的细胞就是纤维细胞。

石细胞：用镊子取梨果肉中的硬粒（石细胞群）放到载玻片上，然后用镊子柄将其压碎，制成临时制片观察。石细胞的次生壁全面增厚，壁上有分支或不分支的纹孔道，细胞腔很小，原生质体消失（图 3-3）。

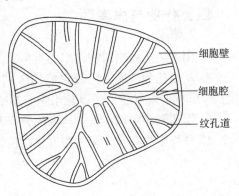

图 3-3　梨果肉石细胞结构

（五）分泌结构

1. 外分泌结构　腺毛：做番茄幼茎横切临时制片（或在体视显微镜下观察番茄幼茎），可见在番茄茎的表皮上有大量的表皮附属物，其中由"头"和

"柄"组成的结构为腺毛。

2. 内分泌结构

(1) 分泌腔。做橘皮（外果皮）徒手切片观察，能看到一些透亮的区域或孔洞，即为分泌腔（图3-4）。

(2) 树脂道。观察松针叶横切制片（图3-5），在叶肉中可见裂生树脂道。树脂道由上皮细胞围成，其中充满上皮细胞分泌的树脂。

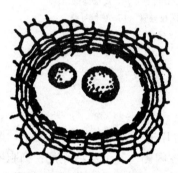

图3-4 橘外果皮中的分泌腔

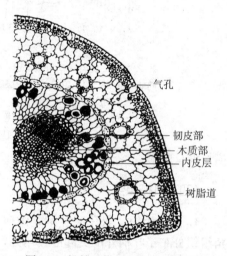

图3-5 松针叶横切面（示树脂道）

四、作业与思考题

1. 用表解法列出植物组织的类型。
2. 从结构和功能上比较它们的区别：①分生组织与成熟组织；②表皮与周皮；③筛管与导管；④厚角组织与厚壁组织。
3. 简述营养组织在植物体内的分布及其功能。
4. 植物细胞有丝分裂主要发生在植物体的哪些部位？

根的发育和结构

一、目的和要求

1. 了解根尖的分区及各区特点。
2. 掌握单子叶植物和双子叶植物根的初生结构。
3. 掌握双子叶植物根的次生结构。
4. 了解根端静止中心标记基因 WOX5 在根尖的表达部位。
5. 掌握 GUS 染色的方法。

二、材料、器具和试剂

1. 植物材料 小麦幼根、玉米幼根、蚕豆幼根、拟南芥 $pWOX5::GUS$（简写为 WOX5-GUS）转基因植株的幼根等。

2. 永久制片 玉米根尖纵切制片、小麦根尖纵切制片、洋葱根尖纵切制片、毛茛根横切制片、棉花幼根横切制片、蚕豆根横切制片、小麦根横切制片、油菜老根横切制片、棉花老根横切制片、椴树老根横切制片、蚕豆根具侧根的横切制片等。

3. 器具 显微镜、镊子、刀片、载玻片、盖玻片、吸水纸、擦镜纸等。

4. 试剂 番红、GUS 染液、丙酮、乙醇等。

三、内容和方法

（一）根尖的外形与结构

根的顶端一段称根尖，它是根生命活动最活跃的部分，根的生长、组织的形成以及根对水分和养料的吸收,都集中在根尖部分进行。如果根尖受损,就会影响根的继续生长。通常按根尖各部分形态、结构和机能特点,从顶端到基部分为根冠、分生区、伸长区和根毛区4个部分。

1. 根尖的外形与分区 选择经吸胀萌发5~7 d的小麦或玉米的幼苗,取其直而生长良好的幼根置于载玻片上,进行观察。幼根上有一区域密布白色茸毛,为根毛区(成熟区)。根尖的最尖端微黄而略带透明的部分是根冠,呈帽状罩在分生区外面。紧接其后的是分生区,在分生区与根毛区之间是伸长区。双子叶植物的根尖具有与之相同的分区(图4-1)。

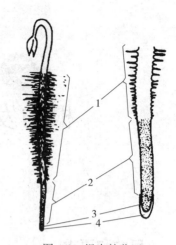

图 4-1 根尖的分区
1. 根毛区 2. 伸长区 3. 分生区 4. 根冠

2. 根尖的内部结构 取玉米、小麦或洋葱根尖纵切制片,置于显微镜下,先用低倍镜辨认出根冠、分生区、伸长区、根毛区,然后换高倍镜观察。由根的最尖端逐渐向上观察根尖的各区,注意各区细胞的特点(图4-2)。

(1)根冠在根尖的最尖端,由薄壁细胞组成,像一个套在分生区前面的帽子,在根冠的外侧,可见到某些正在脱落的细胞。

(2)分生区位于根冠之内,是紧接根冠的一段区域,由排列紧密的等径细胞组成,其细胞壁薄、核大、细胞质浓厚。细胞分裂能力强,常可以见到正在有丝分裂的细胞。

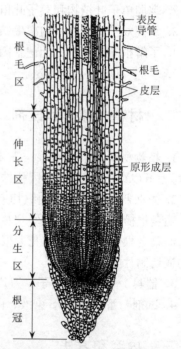

图 4-2 根尖分区与细胞特点

(3)伸长区位于分生区的上方,从靠近分生区略微伸长的细胞到接近成熟区的长形细胞,细胞逐渐伸长并液泡化,向成熟区过渡。伸长区的细胞仍具有分裂的能力,边分裂、边分化,可以见到正在分裂的细胞,并有了初步的组织分化。在伸长区如何区分原表皮、基本分生组织和原形成层?在制片上常可见到宽大且成串的长细胞,想想这些细胞将来分化成根的什么结构?

(4) 根毛区位于伸长区上方,表面密生根毛的区域。在根毛区细胞分裂停止,分化成各种成熟组织,可见到成熟的环纹导管、螺纹导管。注意根毛的起源以及结构特点。

注意:分生区与根冠分界十分明显,而分生区和伸长区的界限并不清楚,想想这是为什么?

(二) 根尖静止中心的观察

在许多植物根尖的原分生组织中,有一群分裂活动甚弱的细胞群,其细胞周期达数百至数千小时。DNA、RNA 及蛋白质的含量较低,线粒体、内质网及高尔基体等细胞器稀少,形成了一个不活动的细胞区域,称为静止中心(quiescent center,QC)(图 4-3)。静止中心一般只占整个根端分生组织的一小部分。拟南芥主根的静止中心共有 4 个细胞,它们直接来自胚胎中的静止中心细胞。围绕静止中心的细胞称为原始细胞或干细胞。所谓干细胞是指具有多向分化潜能且能通过分裂维持自身

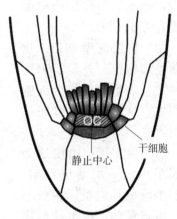

图 4-3 拟南芥根尖纵切面模式图

存在的一类细胞。研究发现,WOX5 基因在静止中心的细胞中特异表达(彩版 1K),在维持静止中心细胞特征方面具有关键作用。

临时制片观察:取拟南芥 WOX5-GUS 转基因植株的幼根若干,进行 GUS 染色(参见本书第三部分植物学实验技术)。取染色后的材料滴加 I_2-KI 溶液制成临时玻片,置于显微镜下观察,静止中心细胞呈现蓝色,而其下方的根冠细胞中的淀粉粒被染成紫红色(可与彩版 1K 进行比较)。

(三) 双子叶植物根的初生结构

取毛茛根或棉花幼根横切制片在低倍镜下观察,从横切面上可分为表皮、皮层、维管柱 3 部分(图 4-4),然后用高倍镜仔细观察各部分的详细结构。

1. 表皮 最外一层由排列整齐的薄壁细胞构成,一些表皮细胞向外突起形成根毛(因切片较薄,切到根毛的概率小,故在切片上不易看到根毛)。

2. 皮层 表皮以内的数层细胞,占幼根横切面的大部分,可分为3部分:外皮层、皮层薄壁细胞和内皮层。

(1) 外皮层。外皮层为与表皮相接的1~2层皮层细胞。细胞较小,排列紧密,形状规则。表皮破坏后,外皮层细胞壁增厚并木质化,起保护作用(许多植物的幼根中,外皮层与皮层薄壁细胞没有明显区别)。

(2) 皮层薄壁细胞。皮层薄壁细胞位于外皮层和内皮层之间的数层细胞。细胞体积大,排列疏松,有明显的胞间隙。

(3) 内皮层。内皮层为皮层最内的一层薄壁细胞。此层细胞的径向壁、横壁上有一条连续的、由木栓质增厚而形成的带状结构——凯氏带。在横切面上一般只能看到径向壁上增厚的点状结构——凯氏点(带),凯氏点多被染成红色(图4-5)。

3. 维管柱 维管柱为位于根中央的柱状结构,又称中柱,主要由维管组织组成,

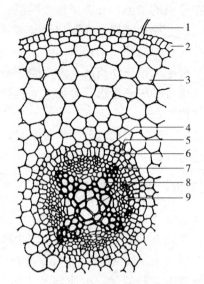

图4-4 棉花根的初生构造
1. 根毛 2. 表皮 3. 皮层薄壁细胞 4. 凯氏点
5. 内皮层 6. 维管柱鞘 7. 原生木质部
8. 后生木质部 9. 初生韧皮部

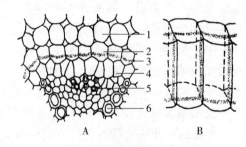

图4-5 内皮层结构
A. 根的部分横切面示内皮层位置 B. 内皮层细胞立体结构
1. 皮层薄壁细胞 2. 内皮层 3. 凯氏带
4. 维管柱鞘 5. 初生韧皮部 6. 初生木质部
(引自李扬汉,1984)

可分为4部分:维管柱鞘、初生木质部、初生韧皮部和薄壁细胞。

(1) 维管柱鞘。维管柱鞘紧靠内皮层里面的一层细胞。细胞径向较长,排列紧密,具潜在分生能力。侧根、根的第一次木栓形成层、根的维管形成层的一部分均发生于维管柱鞘。

(2) 初生木质部。初生木质部位于维管柱鞘内侧,由导管、管胞、木纤

维、木薄壁细胞组成。切片中导管、管胞多被染成红色，有 4~5 束，呈辐射状。每束初生木质部内导管直径大小不一，外侧靠近维管柱鞘的导管直径小、染色深，这是较早分化出的导管；内部导管直径大，分化晚，有的导管被染成浅红色，有的导管仍呈蓝绿色，不是红色，这是较晚分化出的导管。初生木质部这种由外向内分化成熟的方式为外始式，是根的初生结构特征之一。

（3）初生韧皮部。初生韧皮部位于初生木质部的两个放射棱之间，与初生木质部相间排列。由筛管、伴胞、韧皮纤维、韧皮薄壁细胞组成。其外方常分化出一束被染成深蓝色、厚壁的细胞——韧皮纤维（在其他植物根的初生韧皮部中，韧皮纤维并不常见）。

（4）薄壁细胞。薄壁细胞位于初生木质部与初生韧皮部之间。在根的次生生长开始时，薄壁细胞中的一部分将脱分化，形成维管形成层的一部分。在一些双子叶植物（如蚕豆）幼根中心有一群薄壁细胞，称为髓。但在多数双子叶植物的根中，随着初生木质部向心式分化，根中央的细胞一般都分化成大的导管，而不会分化成薄壁细胞。

（四）单子叶植物根的初生结构

取小麦根横切制片观察，可以分为表皮、皮层、维管柱 3 部分（图 4-6）。

1. 表皮 表皮为最外一层排列紧密的细胞，可见根毛。

2. 皮层 皮层可分为外皮层、中皮层、内皮层 3 部分。外皮层为表皮以内 2~3 层细胞，细胞较小，栓化为厚壁组织；中皮层具多层细胞，大而薄壁，有胞间隙；内皮层仅一层细胞，细胞壁呈马蹄形加厚（实为五面加厚），在初生木质部射角对着的几个细胞为薄壁细胞（通道细胞）。

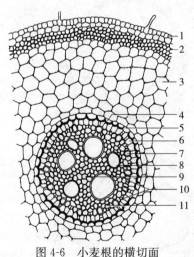

图 4-6　小麦根的横切面
1. 表皮　2. 厚壁组织　3. 中皮层　4. 内皮层
5. 通道细胞　6. 维管柱鞘　7. 原生木质部
8. 后生木质部　9. 髓　10. 原生韧皮部　11. 后生韧皮部
（引自李扬汉，1984）

3. 维管柱 维管柱与双子叶植物相比较，初生木质部和初生韧皮部之间无薄壁细胞,而根的中央常具有髓。

①维管柱鞘为内皮层以内的一层薄壁细胞,细胞较小,排列整齐。

②初生木质部位于根的中央部分,具有10多个辐射角(即原生木质部,故称多原型),后生木质部位于内侧,具几个大的后生导管。

③初生韧皮部位于初生木质部之间,只有几个筛管和伴胞。

④髓位于根的中央部分,幼根时为薄壁细胞,老根时细胞壁增厚。

(五)双子叶植物根的次生结构

1. 形成层的发生　取蚕豆根横切制片,观察形成层的发生。首先在初生木质部和初生韧皮部之间出现形成层,呈圆弧形(观察其数目与木质部脊的数目是否一致,想想它们起源于什么细胞?),以后这些圆弧形的形成层向两侧扩展,同时在木质部脊的维管柱鞘细胞也恢复分裂的能力,两者互相连接形成一个波浪状的形成层环,其形状与木质部脊相似。形成层细胞进行切向分裂,在初生木质部和初生韧皮部之间的形成层细胞分裂较多,最终形成层环呈圆形(图4-7)。

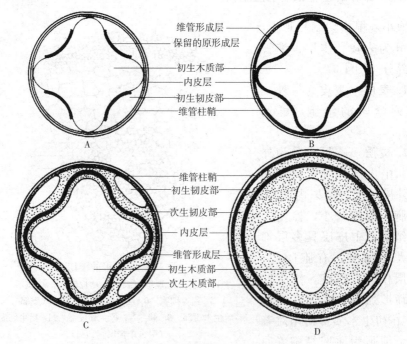

图4-7　维管形成层的发生过程

(A~D示发生过程)

(引自杨世杰,2000)

2. 根的次生结构 取油菜、棉花或椴树老根横切制片观察，在横切面上，最外一层是残留的表皮（因次生结构的产生而破坏），周皮为几层近似砖形的细胞构成（图 4-8 和彩版 2A）。

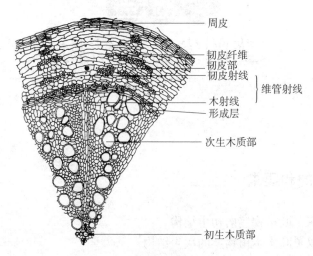

图 4-8　棉花老根横切面扇形图

（1）次生韧皮部。周皮与形成层之间的部分，主要由韧皮纤维、筛管、伴胞和韧皮薄壁细胞构成。

（2）形成层。次生韧皮部与次生木质部之间的几层扁平的薄壁细胞，排列整齐。

（3）次生木质部。在根的中心处是初生木质部，次生木质部位于初生木质部之外，形成层以内的大部分，由导管、管胞、薄壁细胞和纤维组成。

（4）射线。在次生木质部和次生韧皮部内都有一些径向排列的薄壁细胞，位于木质部中的称为木射线，位于韧皮部中的称为韧皮射线。

（六）侧根发生

取蚕豆根具侧根的横切制片，观察侧根的发生部位和结构（参考拟南芥侧根原基的形态结构，见彩版 1L）。

四、作业与思考题

1. 绘制双子叶植物幼根横切面细胞图（1/4），标注各部分名称。
2. 绘制小麦根横切面细胞图，标注各部分名称。
3. 根据根尖分生区到根成熟结构的观察，如何理解细胞分化的含义？
4. 根据实验观察，比较单子叶植物和双子叶植物根结构的异同。

实验五
茎的发育和结构

一、目的和要求

1. 掌握双子叶植物茎的初生结构。
2. 掌握双子叶木本植物茎的次生结构。
3. 了解单子叶植物茎的结构。
4. 了解茎端干细胞组织中心标记基因 WUS 和茎端干细胞标记基因 CLV3 在茎端的表达部位。
5. 掌握 GUS 染色的方法。

二、材料、器具和试剂

1. 植物材料　杨树枝条、悬铃木属植物的枝条、银杏枝条等；分别转 $pWUS::GUS$（简写为 WUS-GUS）和 $pCLV3::GUS$（简写为 CLV3-GUS）的拟南芥植株。

2. 永久制片　忍冬叶芽纵切制片、棉花或拟南芥茎尖纵切制片、向日葵幼茎横切制片、花生幼茎横切制片、椴树老茎横切制片、玉米茎横切制片、小麦茎横切制片等。

3. 器具　显微镜、镊子、刀片、载玻片、盖玻片、吸水纸、擦镜纸、解剖针等。

4. 试剂　番红、GUS 染液、丙酮、乙醇等。

三、内容和方法

（一）茎的基本形态

观察杨树、悬铃木属植物、银杏等枝条，区分节、节间、顶芽、侧芽（腋芽）、叶痕、维管束痕（叶迹）、芽鳞痕、皮孔、长枝、短枝等（图 5-1）。根据芽鳞痕的数目，判断所观察枝条的年龄。通过观察枝条横断面，区分树皮和木材。

（二）芽的结构

取忍冬叶芽纵切制片在低倍镜下观察，可见芽的基本组成，最中央顶端为分生区（生长锥），其下方两侧的小突起为叶原基，向下是长大的幼叶，将来发育成叶；幼叶叶腋内的圆形突起为腋芽原基，将来发育成腋芽；中轴部分为芽轴，将来发育成茎（图 5-2）。

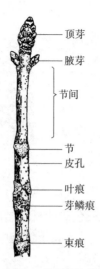

图 5-1 茎的形态

（三）茎尖分区

茎尖包括分生区、伸长区和成熟区。

1. 分生区　取棉花或拟南芥茎尖纵切制片，在低倍镜下观察。分生区又称生长锥，一般为半球形，由一团具有分裂能力的原分生组织所构成。茎尖顶端以下有叶原基和腋芽原基，有的还有芽鳞原基。茎尖一般较长，所以茎尖切片中一般观察到的多为分生区。

在高倍镜下可明显地观察到拟南芥茎尖的分生区包括原套（含 L_1 和 L_2 两层细胞）和原体两部分（L_3）（图 5-3A）。按照细胞组织分区学说，其分生区亦分为中央区、周围区和肋状区（图 5-3B）。在中央区含有干细胞（stem cell），其有丝分裂活动较弱。在干细胞之下的一个小细胞群称组织中心（organizing centre）。

分别取 WUS-GUS 和 CLV3-GUS 的转基因植株的茎尖（亦称苗端）（营养苗端或幼嫩花序）若干，进行 GUS 染色（参见本书第三部分植物学实验技

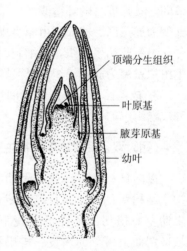

图 5-2 忍冬叶芽的纵切面
（引自陆时万等，1991）

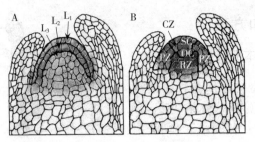

图 5-3 拟南芥茎尖分生区
A. 原套-原体学说 B. 细胞组织分区学说
CZ. 中央区 PZ. 周围区 OC. 组织中心 RZ. 肋状区 SC. 干细胞

术)。取染色后的材料制成临时玻片在显微镜下进行观察,可见干细胞标记基因 CLV3 基因在干细胞中特异表达;WUS 基因在组织中心表达(彩版 1M 和彩版 1N)。

2. 伸长区 茎的伸长区的细胞学特征与根相似,但该区常包含几个节与节间,其长度可随环境改变。二年生和多年生植物在进入休眠期时,伸长区逐渐变为成熟区。伸长区由原表皮、基本分生组织、原形成层 3 种初生分生组织分化出一些初生组织,其细胞的有丝分裂活动逐渐减弱,伸长区可视为顶端分生组织发展为成熟组织的过渡区域。

3. 成熟区 成熟区的解剖特点是细胞的分裂和伸长生长都趋于停止,各种成熟组织的分化基本完成,具备了幼茎的初生结构。

(四)双子叶植物茎的初生结构

以向日葵幼茎(或花生幼茎)的初生结构为例。取向日葵幼茎(或花生幼茎)横切制片在低倍镜下观察,从横切面上可分为表皮、皮层和维管柱 3 部分,然后在高倍镜下仔细观察各部分结构(图 5-4 和彩版 2B)。

(1) 表皮为最外一层排列紧密整齐而形状较小的细胞,外壁有一层较厚的角质层。

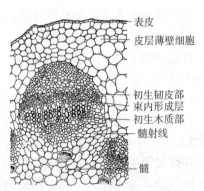

图 5-4 花生幼茎横切面部分示意图

(2) 皮层为表皮以内的多层细胞,靠近表皮下数层细胞常有叶绿体,并在细胞的角隅处增厚为厚角组织,内侧数层细胞稍大,排列较为稀疏,为皮层薄壁细胞。注意皮层中有分泌腔分布。

(3) 双子叶植物茎的维管柱为皮层以内的所有组织，包括维管束、髓和髓射线等部分。

①多个维管束排成一环，每一个维管束包括初生韧皮部、束内形成层和初生木质部。初生韧皮部位于形成层外方，具一帽状的韧皮纤维束，原生韧皮部在外，后生韧皮部在内；初生木质部为内始式发育，即原生木质部在内，后生木质部在外。

②髓位于茎的中央部分，由许多薄壁细胞组成。

③髓射线介于两相邻维管束之间，连接髓和皮层的薄壁组织。

（五）双子叶植物茎的次生结构

双子叶植物的茎，在形成初生结构后不久，即开始出现次生结构。茎次生结构的形成同根一样，也是由于形成层和木栓形成层活动的结果。取椴树老茎横切制片观察其次生结构（图5-5和彩版2C）。

(1) 周皮由木栓层、木栓形成层和栓内层组成，细胞长形、扁平，外面还有残存的表皮。

(2) 皮层外侧数层细胞为厚角组织，内侧为数层薄壁组织，在部分薄壁细胞中可见簇状结晶体。

(3) 韧皮部位于皮层以内，形成层之外，其中有韧皮纤维、较大的筛管和较小的伴胞，以及较大的韧皮薄壁细胞。此外，还有呈放射状排列的韧皮射线。初生韧皮部多已挤破。

(4) 形成层位于韧皮部与木质部（木材）之间，排成一整环，由几层较小的砖形细胞组成形成层区。

(5) 木质部中次生木质部所占比例较大，由同心环状的年轮组成。每一年轮中，靠中央部分细胞较大，细胞壁较薄，是一个生长季节中早期形成的，称为早材（春材）；靠外面的细胞较小，细胞壁较厚，是生长季节后期形成的，称为晚材（秋材）。次生木质部除了导管、管胞、木薄壁细胞和

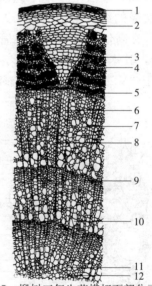

图5-5 椴树三年生茎横切面部分示意图
1. 周皮 2. 皮层 3. 韧皮射线
4. 次生韧皮部 5. 形成层 6. 维管射线
7. 次生木质部 8. 木射线 9. 晚材
10. 早材 11. 后生木质部 12. 原生木质部
（仿李正理和张新英，1996）

木纤维外,还有与韧皮射线相连的木射线。组成第一个年轮的春材包括了初生木质部。

(6) 髓为茎的中央部分,由薄壁细胞组成。髓的外围有一圈较小的圆形细胞,称为环髓带;中央还有一些大型的薄壁细胞,储藏丰富的单宁物质,称为异形细胞。

(六) 单子叶(禾本科)植物茎的初生结构

1. 玉米茎的初生结构 取玉米茎横切制片在低倍镜下区分其表皮、基本组织和维管束3部分(图5-6)。然后在高倍镜下观察各部分的详细结构。

(1) 表皮为茎的最外一层长方形的细胞,外壁具角质层。

(2) 基本组织包括表皮下的几层厚壁细胞及中央大量的薄壁细胞。

(3) 维管束散生于基本组织中。靠近茎的边缘的维管束小而多,近中部的大而少。在高倍镜下选一个维管束观察(图5-7),其木质部呈"V"形,原生木质部位于"V"形底部,具两个环纹或螺

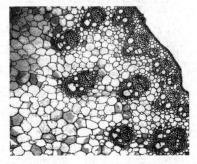

图5-6 玉米茎节间横切面

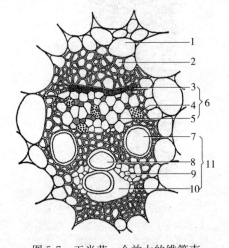

图5-7 玉米茎一个放大的维管束
1. 基本组织 2. 维管束鞘 3. 挤毁的原生韧皮部
4. 筛管 5. 伴胞 6. 初生韧皮部 7. 孔纹导管
8. 环纹或螺纹导管 9. 木薄壁细胞
10. 气腔(隙) 11. 初生木质部

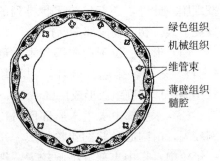

图5-8 小麦茎节间横切面

纹导管，常有细胞拉破形成的气腔。后生木质部的两个较大的孔纹导管分别位于"V"形的两臂，两个后生导管之间为管胞连接。韧皮部位于木质部的外方（外韧有限维管束），原生韧皮部的细胞多被挤扁，后生韧皮部的筛管和伴胞非常明显。整个维管束外面有数层厚壁细胞组成的维管束鞘。

2. 小麦茎的初生结构　取小麦茎横切制片观察，注意与玉米茎结构的区别（图 5-8 和彩版 2D）。

四、作业与思考题

1. 比较植物根与茎在结构上的异同。
2. 比较单子叶植物和双子叶植物茎结构的异同。
3. 裸子植物与木本双子叶植物茎在结构上的主要区别是什么？
4. 绘向日葵茎（或花生茎）横切面图，标注各部分的名称。
5. 绘玉米茎横切面轮廓图，并选绘一个维管束的图，注明各部分名称。

叶的发育和结构

一、目的和要求

1. 掌握临时制片的制作方法。
2. 了解双子叶植物和单子叶植物叶的基本形态和组成。
3. 掌握双子叶植物和单子叶植物叶的解剖结构特征。
4. 了解离区的发生部位及结构。

二、材料和器具

1. 植物材料 菠菜、大豆、天竺葵、小麦、玉米等生活植株；小麦叶肉离析材料。

2. 永久制片 棉叶横切制片、小麦叶表皮永久制片、玉米叶表皮永久制片、玉米叶横切制片、小麦叶横切制片、杨树叶柄离区纵切制片等。

3. 器具 显微镜、载玻片、盖玻片、刀片、镊子、纱布、吸水纸等。

三、内容和方法

（一）叶的形态和组成

双子叶植物的完全叶由叶片、叶柄、托叶组成，三者缺一或缺二时为不完全叶。观察菠菜、大豆和天竺葵的叶分别属于什么类型；若为不完全叶，缺少的是哪部分。

禾本科植物完全叶由叶片、叶鞘、叶耳、叶舌组成。多数为不完全叶，由叶片、叶鞘组成。叶片多为狭长披针形或条形。叶鞘为叶片下部包围茎秆的部分。有时还有叶颈（叶枕、叶环）、叶耳、叶舌等结构。叶片、叶鞘连接处的外侧有一个不同色泽的环，称叶颈。在叶片与叶鞘交界处有膜质的叶舌；两侧的一对突起为叶耳。观察小麦和玉米叶的各组成部分，并描述其形态。

（二）叶片的解剖结构

1. 双子叶植物叶片结构　取棉叶横切制片，低倍镜下先区分叶片的背腹面（上下面），有哪些方法？然后在高倍镜下再仔细观察每一部分（图 6-1）。

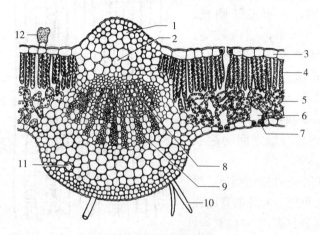

图 6-1　棉叶横切面
1. 厚角细胞　2. 薄壁细胞　3. 表皮　4. 栅栏组织　5. 海绵组织　6. 孔下室
7. 气孔器　8. 主脉木质部　9. 主脉韧皮部　10. 表皮毛　11. 分泌腔　12. 腺毛

表皮是叶片外表的一层细胞，有上、下表皮之分。表皮细胞的横切面呈长方形，外壁角质化，有透明的角质层。气孔器保卫细胞较小，形状不规则，有时近圆形，成对存在，其下方一般具有孔下室。下表皮上的气孔器常多于上表皮。

叶肉位于上、下表皮之间，分化为栅栏组织和海绵组织。栅栏组织为紧接上表皮的一至数层圆柱状细胞，其长轴与表皮垂直，排列紧密，细胞内含较多叶绿体。海绵组织为靠近下表皮的几层形状不规则、胞间隙大的细胞，含叶绿体较少，在气孔器的内方常有一大而明显的气室。这些结构适应于叶的哪些功能？

观察菠菜、大豆等的叶片两面，可见叶脉呈条索状，交错贯穿于叶肉间，交织成网状，称为网状脉。叶脉有主脉、侧脉、细脉、脉梢之分，起支持、输导作用。

观察棉叶横切制片主脉可见，其主要成分为无限维管束，维管束的周围均为薄壁组织，薄壁组织外侧紧贴上下表皮处为数层厚角组织。维管束中木质部近上表皮，韧皮部近下表皮，二者之间为形成层（其活动微弱，故叶脉增粗生长不明显）。随着叶脉越来越细，其中的维管组织也越来越简单。

2. 禾本科植物叶片结构

(1) 观察小麦或玉米叶表皮永久制片。顶面观可见叶表皮细胞多为长细胞纵向排列，栓质细胞和硅质细胞两种短细胞往往成对分布其间。长细胞为长矩形，边缘锯齿状；栓质细胞近方形，颜色较暗，有明显细胞核；硅质细胞近半圆形，颜色较亮。表皮上还有规律地分布着成列的气孔器，气孔器由2个哑铃形的保卫细胞、2个近菱形的副卫细胞组成（图6-2和彩版1I）。在上表皮上，几列长细胞之间为泡状细胞（彩版2E）。

(2) 观察小麦叶横切制片。思考有哪些方法可区分叶片的背腹面（上下面）。区分其表皮、叶肉、叶脉3部分（图6-3和彩版2F）。

上、下表皮各为一层细胞，横切面近矩形。泡状细胞为薄壁细胞，常3~5个排列成扇形，分布于上表皮。思考泡状细胞为何又称为运动细胞。通过运动细胞形状判断此小麦叶片处于失水状态还是充水状态。横切面上气孔器的保卫细胞很小，稍大的副卫细胞紧挨其旁。

叶肉均是富含叶绿体的同化组织，无栅栏组织、海绵组织之

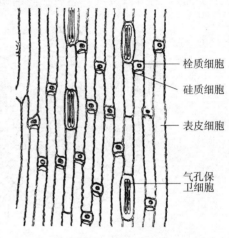

图6-2 小麦叶表皮

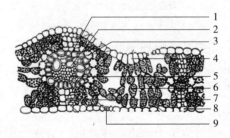

图6-3 小麦叶横切面（部分）
1. 维管束内鞘 2. 木质部 3. 维管束外鞘
4. 运动细胞 5. 韧皮部 6. 叶肉细胞
7. 厚壁组织 8. 下表皮 9. 气孔器

分。将小麦叶肉细胞离析后再制成临时装片，或观察撕小麦叶下表皮时带下来的叶肉细胞，可看到叶肉细胞的峰、谷、腰、环结构（图6-4）。

观察小麦叶，可见中间主脉较粗，侧脉均与主脉大致平行，最终在叶尖和叶基汇合，称为平行脉。

观察小麦叶横切制片,可见主脉主要成分为有限维管束,在表皮以内、维管束的上下方,通常有数层厚壁细胞,这些厚壁细胞称为维管束鞘延伸区,起机械支持作用。维管束中木质部近上表皮,韧皮部近下表皮。小麦是C_3植物,其维管束鞘由两层细胞组成,外层为大型薄壁细胞,所含叶绿体较少;内层为较小的厚壁细胞,不含叶绿体。

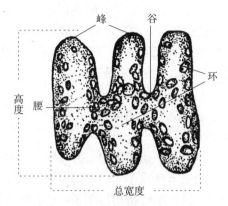

图 6-4 小麦叶叶肉细胞

(3) 观察玉米叶横切制片。玉米叶基本结构与小麦叶一致。玉米为C_4植物,其维管束鞘只有一层大的薄壁细胞,内含较多而大的叶绿体。在许多C_4植物中,紧挨维管束鞘外侧的一层叶肉细胞,常近环状排列,组成花环形结构,这是C_4植物的典型结构特征之一(图 6-5)。

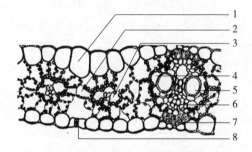

图 6-5 玉米叶横切面(部分)
1. 运动细胞 2. 叶肉细胞 3. 维管束鞘 4. 维管束鞘
5. 木质部 6. 韧皮部 7. 厚壁组织 8. 气孔器

(三) 叶的离区

观察杨树叶柄离区纵切制片,可见几层横向排列整齐、扁平的小细胞,将

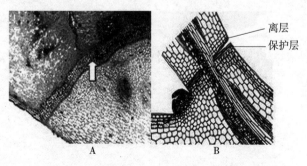

图 6-6 叶柄离层
A. 杨树叶柄离区(空箭头) B. 离层和保护层

茎与叶柄分开，这几层细胞染色较深，共同组成离区（图 6-6）。离区两侧细胞染色也有差异，细胞中有较多物质、颜色较深的一侧为茎，细胞基本为空、颜色较浅的一侧为叶柄。随着离区的继续发育，离区细胞的胞间层黏液化，解体消失，使离区细胞分成了两部分，近茎的为保护层，远离茎的为离层。

四、作业与思考题

1. 绘棉叶横切面详图，并注明各部分名称。
2. 绘玉米叶或小麦叶横切简图，并注明各部分名称。
3. 比较双子叶植物与单子叶植物叶片解剖结构异同点。
4. 如何区分玉米、小麦叶片横切结构？
5. 禾本科植物叶片失水卷曲与什么结构有关？

实验七 营养器官的变态

一、目的和要求

1. 识别营养器官的变态。
2. 掌握变态器官的类型和主要特征。
3. 明确同功器官与同源器官的概念。

二、材料和器具

1. 植物材料 萝卜和胡萝卜的肉质直根，番薯的块根，玉米和高粱的支持根，常春藤的攀缘根，菟丝子的寄生根；莲（藕）、竹、姜的根状茎，马铃薯的块茎，荸荠的球茎，洋葱、蒜的鳞茎，莴苣（莴笋）的肉质茎，皂荚、枸杞的茎刺，竹节蓼、昙花的叶状茎、葡萄属或葫芦科植物的茎卷须；小檗的叶刺，刺槐的托叶刺，豌豆的叶卷须及其他各类植物变态器官材料或标本等。

2. 永久制片 萝卜肉质直根横切制片、番薯块根横切制片、马铃薯块茎横切制片等。

3. 器具 显微镜、解剖针、镊子、刀片、盖玻片、载玻片等。

三、内容和方法

（一）根的变态

1. 肉质直根

（1）观察萝卜和胡萝卜的肉质直根。萝卜和胡萝卜的肉质直根，外形较规则，其上部由下胚轴发育而来。其下部来源于主根的上部，发育成肉质根的主体部分，着生有排成纵列的侧根。据此判断初生木质部是几原型的以及侧根发生的部位。

观察完外形后，再用刀将萝卜和胡萝卜的直根横切开。肉眼观察可看到萝卜的肉质根次生木质部很发达，占横切面的绝大部分，次生韧皮部发育很弱；胡萝卜正相反，其次生木质部不发达，仅在横切面中心占据较小的部分，其外围为大量的次生韧皮部。在发达的次生木质部和次生韧皮部中均以薄壁组织为主（图7-1）。

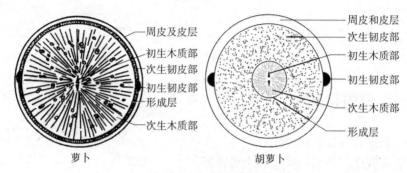

图 7-1　萝卜和胡萝卜储藏根的结构
（引自郑湘如，2007）

（2）观察萝卜肉质直根横切制片。于显微镜下观察萝卜肉质直根的内部解剖结构，外围部分为皮部，较薄，由周皮、皮层和韧皮部共同组成；向内的部分有正常生长的次生木质部、初生木质部。在次生木质部的大量薄壁细胞间，可见到若干呈同心圆排列的细胞群，其中由扁平细胞组成的同心环（或半环），即副形成层（次生形成层），其细胞分裂，进行三生生长，向内侧产生三生木质部，向外侧产生三生韧皮部，三者构成三生维管束，三生维管束之间为三生射线；再由三生韧皮薄壁细胞脱分化形成新一轮的副形成层，再活动形成新的三生结构。由于维管形成层和副形成层的活动，形成了以储藏组织为主的肥大的变态根（图7-2）。

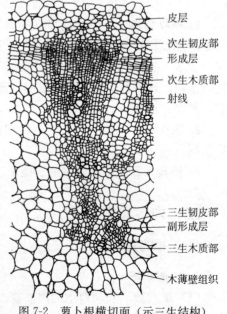

图 7-2　萝卜根横切面（示三生结构）

2. 块根　观察番薯的变态根，外形呈不规则块状，主要由不定根膨大形成，故不像萝卜和胡萝卜那样每株植物体只形成一个肥大直根而是形成多个肥大块根。块根表面生有侧根。

取番薯块根横切制片进行内部结构观察，可见到其次生木质部中有大量的薄壁细胞和零星分布的导管，在导管周围以及远离导管的薄壁细胞间有副形成层产生及其活动产生的三生韧皮部和三生木质部。由于次生结构和三生结构的增加形成了番薯肥大的块根。

3. 气生根　由不定根形成，生长于地面以上。

（1）支持根。观察玉米或高粱茎基部节上生出的不定根，它们主要起支持茎秆的作用，故又称支持根。

（2）攀缘根。观察常春藤茎的一侧所产生的气生根，具有攀缘作用。

4. 寄生根　观察菟丝子的寄生根——吸器。菟丝子的茎与寄主茎相接触的一面生有很多小的不定根，进入寄主内吸取营养（图 7-3）。

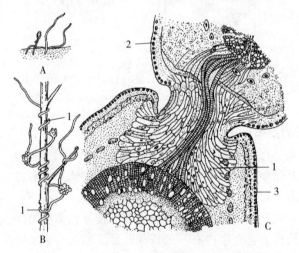

图 7-3　菟丝子
A. 菟丝子幼苗　B. 菟丝子寄生于柳枝上
C. 菟丝子的寄生根伸入寄主茎内的切面图
1. 寄生根　2. 菟丝子寄生根纵切面　3. 寄主茎的横切面
（引自华东师范大学，1982）

（二）茎的变态

1. 地上茎的变态

（1）肉质茎。观察莴苣（莴笋）、仙人掌等植物的肉质茎，肥大、粗壮、绿色，兼有储藏和光合作用。

(2) 叶状茎。观察竹节蓼、昙花等植物的茎，其叶退化，茎扁平，其上有节，并具有腋芽等茎的特征，绿色，代替叶执行光合作用。

(3) 茎卷须。观察葡萄或黄瓜等植物的茎卷须。

(4) 茎刺。取皂荚、枸杞等植物的枝条进行观察，可见某些侧枝变成针刺状。皂荚的枝刺上有分支（图7-4）。

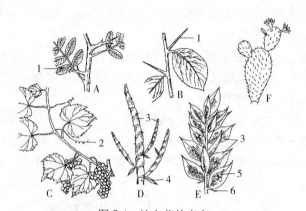

图7-4　地上茎的变态

A、B. 茎刺（A. 皂荚　B. 山楂）　C. 葡萄的茎卷须

D、E. 叶状茎（D. 竹节蓼　E. 假叶树）　F. 仙人掌的肉质茎

1. 茎刺　2. 茎卷须　3. 叶状茎　4. 叶　5. 花　6. 鳞叶

2. 地下茎的变态

(1) 根状茎。仔细观察莲（藕）（图7-5A）、竹（图7-5B）、姜等，其外形呈根状，但具有较明显的节和节间，节上有退化的鳞片叶和腋芽，顶端还有顶芽，节部可产生不定根。

(2) 块茎。观察马铃薯块茎，区分顶芽、腋芽、节和节间。块茎上的凹陷处为芽眼，螺旋排列，芽眼内有一组腋芽；芽眼基部有鳞片叶脱落后留下的叶痕——芽眉；芽眼着生处即为茎节，螺旋线上的相邻两芽眼之间就是节间。马铃薯块茎是由植株基部叶腋长出来的匍匐枝，入土后顶端膨大而形成的。比较马铃薯块茎与甘薯的块根有何不同。

取马铃薯块茎横切制片，在显微镜下观察，可见由外向内分别为周皮、皮层、双韧维管束、髓射线和髓。外韧皮部与木质部均有发达的薄壁组织，内韧皮部与髓的外层细胞共同组成环髓区，中央为具放射状髓射线的髓。

(3) 球茎。观察荸荠的球茎，略呈球形，顶端有粗壮的顶芽，节与节间明显，节上有干膜质鳞片叶和腋芽（图7-5D）。球茎含有大量营养物质，可用作营养繁殖。慈姑的球茎具有类似的形态与结构（图7-5E）。

（4）鳞茎。观察洋葱鳞茎的纵切面，基部呈圆盘状坚硬木质化的部分为鳞茎盘；鳞茎盘上生有许多肉质的鳞叶，最外面几层变为膜质；叶腋有腋芽，茎顶（中心部分）有顶芽（图 7-5C）。观察大蒜的鳞茎，与洋葱为同一类型，但后期鳞片叶枯成皮膜，鳞片叶腋间的腋芽肥大成蒜瓣（又称子鳞茎）；顶芽发育成蒜薹（又称花葶）。

图 7-5　地下茎的变态
A、B. 根状茎（A. 莲　B. 竹）　C. 洋葱鳞茎纵剖面
D、E. 球茎（D. 荸荠　E. 慈姑）
1. 鳞叶　2. 节间　3. 节　4. 不定根　5. 鳞茎盘
（引自华东师范大学，1982）

（三）叶的变态

1. 鳞叶　肉质鳞叶具有贮藏营养物质，干鳞叶有保护作用（图 7-5C）。

2. 叶刺　观察小檗的叶刺、刺槐的托叶刺（图 7-6C、D）。

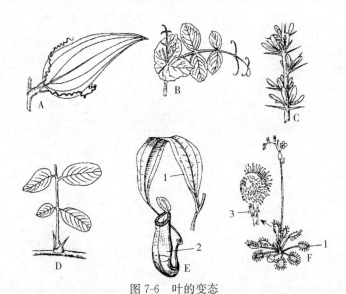

图 7-6　叶的变态
A、B. 叶卷须（A. 菝葜　B. 豌豆）　C. 小檗　D. 刺槐　E. 猪笼草　F. 茅膏菜
1. 捕虫叶　2. 捕虫瓶　3. 腺毛

3. 叶卷须　观察菝葜的托叶变为卷须，豌豆复叶顶端的小叶变成卷须（图 7-6A、B）。

4. 捕虫叶　有些植物的叶变态为瓶状或盘状，作为捕食昆虫的器官，称为捕虫叶，如猪笼草和茅膏菜（图 7-6E、F）。

四、作业与思考题

1. 将观察到的植物材料鉴别后，填入下列表格中。

植物名称	变态器官	变态后功能	鉴别依据及特征

2. 举例说明什么是同源器官，什么是同功器官。
3. 列表比较各类变态器官与原器官在功能和特征方面有何不同，并举例说明。
4. 玫瑰、月季植株上的刺与茎刺和叶刺有何不同？

实验八
花药和花粉粒的发育和结构

一、目的和要求

1. 掌握幼嫩花药和成熟花药的形态结构。
2. 掌握花粉粒的形态结构。

二、材料、器具和试剂

1. 植物材料 烟草幼嫩花蕾、小麦花粉母细胞时期的花药、小麦成熟期的花药、百合成熟花药等。

2. 永久制片 百合（或小麦）幼嫩花药横切制片、百合（或小麦）成熟花药横切制片等。

3. 器具 光学显微镜、荧光显微镜、恒温水浴锅、酒精灯、载玻片、盖玻片、刀片、镊子、解剖针、纱布、擦镜纸等。

4. 试剂 醋酸洋红、改良卡宝品红染色液、1 mol/L 盐酸、卡诺氏固定液、FAA 固定液、DAPI（4′, 6-二脒基-2-苯基吲哚）等。

三、内容和方法

（一）幼嫩花药的结构

以百合为例。取百合幼嫩花药横切制片观察，可见花药横切面形似蝴蝶，由药隔左右对半分开，每侧各有两个花粉囊。在花粉囊中充满花粉母细胞。药隔的中上部有一维管束，其四周为许多薄壁细胞所围绕（图8-1）。

1. 花粉囊壁 花粉囊壁由表皮、药室内壁（纤维层）、中层和绒毡层

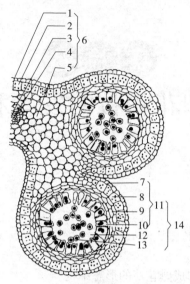

图 8-1 百合幼嫩花药的横切面（示花粉母细胞时期）
1. 表皮 2. 药室内壁 3. 韧皮部 4. 木质部 5. 薄壁细胞
6. 药隔 7. 表皮 8. 药室内壁 9. 中层 10. 绒毡层
11. 花粉囊壁 12. 药室 13. 花粉母细胞 14. 花粉囊
（引自周仪，1993）

组成。

（1）表皮。最外一层细胞，体积较小，具角质层，包围着整个花药，起保护作用。

（2）药室内壁（纤维层）。表皮内一层近方形的大型细胞，细胞质中常有多个小颗粒即淀粉粒，有储藏功能。

（3）中层。在药室内壁的内侧，由3层体积较小的、沿切向延长的扁平细胞构成。

（4）绒毡层。位于花药壁的最内层，一层细胞，长柱状，核大，质浓。初期为单核，以后分裂成多核，具有腺细胞的特点，可向药室内分泌各种物质。

2. 药室 花粉囊壁围成的腔室，药室内有多个核大、质浓近椭圆形而分散的花粉母细胞。

（二）成熟花药的结构

以百合为例。取百合成熟花药横切制片观察，可见花药同一侧的两个花粉囊已打通，在开裂处的表皮细胞特化为唇细胞，细胞较大，染色较深。药壁的药室内壁层已特化为条纹状加厚的纤维层，在花药的最外围有一薄层状的表皮层,而中层和绒毡层已作为花粉粒发育的原料被吸收而仅剩残余。花粉囊内充满花粉粒(图 8-2),成熟花粉粒为 2 细胞型,包含 1 个长纺锤形的生殖细胞和 1 个营养细胞(营养核呈退化状态)(彩版 3A)。

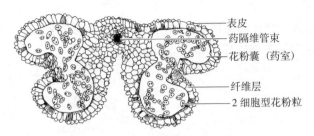

图 8-2 百合成熟花药的横切面
(引自周仪,1993)

(三)花粉粒的发育和结构

1. 小麦花粉母细胞的观察 选取小麦花粉母细胞时期的花药,以卡诺氏固定液固定 1~24 h,之后用 70% 酒精冲洗 3 次,保存于 70% 酒精(4 ℃,最长一年)中。将固定好的花药放入 1 mol/L 盐酸中,于 60 ℃ 水浴中解离 8~10 min。取出花药,放在载玻片上,吸去多余残液,滴上一滴改良卡宝品红染色液,然后用解剖针或尖镊子将花药纵向划开。压挤出花药中的花粉粒,弃去花药壁等杂质,盖上盖玻片。3~5 min 后,用酒精灯外焰迅速来回轻烤几次(不要使染色液煮沸冒泡)。在盖玻片上覆两块滤纸,拇指垂直按压、制片。冷却后,即可在显微镜下观察。染色结果:染色体呈深红色;细胞质浅红色或无色。

能否辨认出花粉母细胞处于减数分裂的哪个时期?

2. 烟草小孢子四分体的观察 取烟草四分体时期雄蕊,用 FAA 固定液固定过夜,清洗后,苯胺蓝染色,过夜。压挤出烟草小孢子四分体,荧光显微镜观察(紫外光激发)(彩版 2G)。

3. 小麦成熟花粉粒的观察 取小麦成熟期的花药(花粉粒已成熟,但尚未散粉),参照上述"小麦花粉母细胞的观察"的步骤制片,但无须解离。用醋酸洋红染色、观察。染色结果:营养核、2 个精子呈深红色,营养细胞的细胞质呈浅红色或无色(彩版 3B)。

4. 百合成熟花粉粒的观察 用镊子夹住百合的花药,使成熟花粉粘在载玻片上,加入 20 μL 的 DAPI(核酸荧光染料)染色液染色 3~5 min。在荧光显微镜下用紫外光激发观察,可见每个百合花粉粒中有两个细胞核(1 个营养核和1个生殖核)。

四、作业与思考题

1. 绘制百合幼嫩花药横切面细胞图,并注明各部分名称。
2. 成熟花粉粒的结构分为哪几个部分?

实验九
雌蕊的形态结构及胚囊的发育与结构

一、目的和要求

1. 了解柱头外部形态和花柱的类型。
2. 掌握子房、胚珠和胚囊的结构。

二、材料和器具

1. 植物材料　浸泡的丝兰花、小麦（或其他植物）双受精过程照片、新鲜丝兰花或百合花等。

2. 永久制片　油菜（或白菜）柱头纵切制片、百合花柱横切制片、拟南芥花柱横切和纵切制片、小麦成熟胚囊制片、丝兰（或百合）子房横切制片等。

3. 器具　显微镜、解剖镜、镊子、载玻片、盖玻片、培养皿、刀片、擦镜纸等。

三、内容和方法

1. 柱头的形态与结构

（1）湿柱头。湿柱头在传粉时是湿润的，表面被一层分泌物所覆盖，表皮细胞具有腺细胞的特征，可以黏住更多的花粉，并为花粉萌发提供必要的基质。烟草、百合、苹果等植物的柱头属于此类型。

（2）干柱头。干柱头在被子植物中较为常见，这类柱头在传粉时不产生分泌物，但柱头表面存在亲水性的蛋白质薄膜，能从薄膜下角质层的中断处吸收水分，所以这层薄膜与湿柱头的分泌功能相似。十字花科、石竹科植物和凤梨、蓖麻、月季等的柱头是干柱头，禾本科植物的水稻、小麦、大麦、玉米等的柱头也属于此类型。十字花科植物拟南芥柱头膨大呈半圆形，其表皮细胞呈乳突状（图 9-1）。观察小麦柱头，其表皮细胞呈羽毛状便于接受更多花粉。

有些复雌蕊具有分离的柱头或合生的柱头有裂，这往往体现了组成雌蕊的心皮数目。

2. 花柱的结构 观察油菜柱头纵切制片，可见花柱内部充满细胞，故为封闭型花柱。再观察百合花柱横切制片，可见花柱中央为中空的花柱道，其内表皮细胞特殊，染色较深，是具有分泌功能的腺细胞，称为分泌细胞。百合花柱为开放型（图 9-2）。

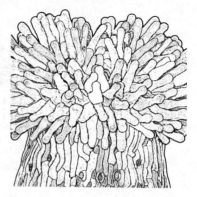

图 9-1 拟南芥的干柱头

观察拟南芥花柱纵切制片（图 9-3）和横切制片，可见花柱中央分化出引导组织。在纵切制片中，引导组织细胞狭长，引导组织内可见到数条长形、染色较深的花粉管。在横切制片中，引导组织在花柱中呈"十"字形。在引导组织中可看到染色较深的花粉管的横切面呈圆形。

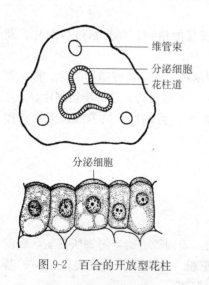

图 9-2 百合的开放型花柱

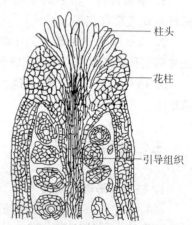

图 9-3 拟南芥的封闭型花柱
（改自 Crawford 等，2007）

3. 子房的结构 取百合或丝兰的花进行观察，可见花外有 6 片花被，其内有 6 个雄蕊。剥去花被和雄蕊，中间为雌蕊，柱头 3 裂，说明它由 3 个心皮组成。用刀片横切子房中下部成一薄片，将其放在解剖镜下观察，可见丝兰或百合有3个子房室，中间有一个轴，每个子房室内有两个（实为两列）胚珠（图9-4）。

4. 胚珠的结构 取百合或丝兰子房横切制片置低倍镜下观察，可见组成子房的单个心皮边缘向内弯曲，而在中间汇合成一个中轴，形成3个子房室，在每个子房室中可见两个倒生胚珠（实为两列）。胚珠着生在每个心皮（即子房壁）的内侧边缘上，即腹缝线汇合形成的中轴上。两个子房室之间的部分是两个相邻心皮的结合处，形成一隔膜，每个心皮外侧稍凹陷处是背缝线的位置。仔细观察各部分结构。

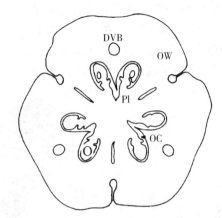

图 9-4 丝兰子房横切面
OW. 子房壁 DVB. 背缝线维管束
Pl. 胎座 OC. 子房室 O. 胚珠

子房壁：由内、外表皮，薄壁组织及分布其中的维管束等部分组成。每个心皮（即子房壁）有3个维管束，中间最大的为背束（背缝线处），位于每个心皮边缘汇合处（即腹缝线处）有两个较小的维管束为腹束。

子房室：由子房壁围成的腔室。每一个子房室内有两个相背而生的倒生胚珠。

胎座：胎座是子房室内腹缝线上着生胚珠的突起部分。因心皮内弯汇合成中轴，胚珠就着生在中轴突起而比珠柄宽大的胎座上，因此称中轴胎座。

胚珠：选择一个切得完整的胚珠观察（图9-5和彩版3C），可见倒生胚珠有一个短柄称为珠柄，着生在宽大的胎座上，有一维管束由腹缝线通过珠柄直达合点。胚珠外侧具内、外两层珠被（近珠柄一侧只有一层珠被），两侧珠被未合拢的缝隙即为珠孔。珠孔内靠近珠被的一团细胞为珠

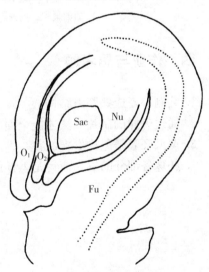

图 9-5 丝兰胚珠纵切面
Fu. 珠柄 O₁. 外珠被 O₂. 内珠被
Sac. 胚囊 Nu. 珠心

心。在珠孔相对一端，即珠被、珠心和维管束汇合处称为合点。

5. 胚囊的发育和结构　胚囊的发育起始于大孢子母细胞（彩版 3C）。大多数植物胚囊的发育属于蓼型胚囊，其成熟胚囊（雌配子体）中含有 7 个细胞（8 个核），但它们不在一个平面上分布，因此在一张切片上不能同时看到 7 个细胞或 8 个核。小麦等禾本科植物的反足细胞有次生增殖能力，成熟胚囊含有约 30 个反足细胞（图 9-6）。

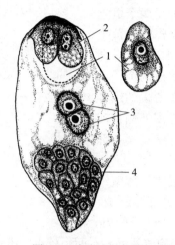

图 9-6　小麦成熟胚囊
1. 卵细胞　2. 助细胞　3. 极核　4. 反足细胞

四、作业与思考题

1. 绘制小麦成熟胚囊结构。
2. 通过怎样的制片方法才能全面了解胚囊的结构？
3. 蓼型胚囊是怎样发育的？
4. 胚珠各部分的发育命运是怎样的？

实验十 种子和果实

一、目的和要求

1. 掌握被子植物胚的发育过程和结构。
2. 掌握种子的基本形态结构和类型。
3. 掌握不同类型果实的特征，识别各种果实。

二、材料、器具和试剂

1. 植物材料 荠菜短角果、蚕豆、菜豆（或其他豆类）、蓖麻（或油桐）种子、玉米（或小麦、水稻）果实（籽粒）、其他各种类型果实标本或新鲜材料。

2. 永久制片 小麦和玉米胚纵切制片、不同发育时期荠菜短角果纵切制片、不同发育时期小麦胚纵切制片等。

3. 器具 显微镜、解剖镜、培养皿、刀片、镊子、解剖针、载玻片、盖玻片、擦镜纸、吸水纸、纱布块等。

4. 试剂 I_2-KI 溶液、5% KOH 溶液和 10% 甘油等。

三、内容和方法

（一）种子的发育

1. 荠菜果实和种子的形态观察 取新鲜荠菜未成熟短角果，先观察其形态结构特点，然后用刀片沿角果窄面纵切，观察其胎座、隔膜和胚珠特点。

荠菜角果形状呈三角形或倒心脏形，由两个心皮组成，其边缘互相连接形成一室，心皮边缘连接处着生两行胚珠，为侧膜胎座。在两心皮相连的缝线处延伸出一个隔膜，因为它不是心皮弯向子房内形成的，故称假隔膜。隔膜将子房分为两室，称为假二室。成熟短角果沿两条腹缝线开裂，其中有多数小型种子，假隔膜宿存（图10-1）。

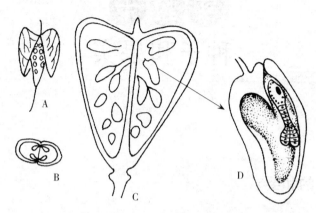

图10-1　荠菜角果的横切面及纵切面
A. 角果外形　B. 角果的横切面　C. 角果的纵切面　D. 一个胚珠的放大
（引自周仪，1993）

2. 荠菜胚的发育　取不同发育时期荠菜短角果纵切制片，先在低倍镜下观察角果纵切制片的全貌，然后选取一个切得较完整的胚珠（种子），在高倍镜下仔细观察其内胚和胚乳的发育阶段（图10-2）。

在低倍镜下观察，荠菜角果内着生多个大小不等、形状不一的胚珠（或种子），选取结构较完整的胚珠（种子）用高倍镜观察，在珠被最内侧通常有一层较大的细胞，其质浓、着色较深，又称珠被绒毡层。其内是弯曲呈马蹄形的胚囊，在胚囊合点端常有一团不规则、染色深的细胞，是未退化的反足细胞群。然后观察相对的珠孔端内的胚和胚乳的不同发育时期。

由于胚珠不在一个平面上，故很难将每个胚珠都完整地切下来，因此应耐心寻找切得较完整的胚珠进行观察。

（1）球形胚时期（原胚时期）。该时期为胚还未分化出各种器官的阶段，是指从两个细胞的胚到球形胚时期。这一阶段的胚囊内，除了呈球形的胚易观察辨认外，胚柄的形态结构也较完整，近珠孔端已由基细胞横分裂为多个单列细胞组成的胚柄，紧贴珠孔端有一个高度液泡化的大型细胞，称胚柄基细胞，又称泡状细胞。在不同的纵切制片中可看到4个、8个或几十个细胞的球形胚体，此时初生胚乳核经过多次核分裂，形成了多数游离核，分布在胚囊周围。

（2）胚分化时期。胚分化时期是胚开始分化出各种器官，直至这些器官分

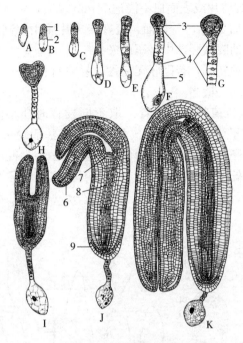

图 10-2 荠菜胚的发育
A. 合子　B. 2细胞原胚　C. 基细胞横裂为2细胞胚柄,顶细胞纵裂为二分体胚体
D. 四分胚体形成　E. 八分胚体形成　F、G. 球形胚体形成　H. 心形胚体形成
I. 鱼雷形胚体形成　J、K. 马蹄形胚体形成,出现胚的各部分结构
1. 顶细胞　2. 基细胞　3. 胚体　4. 胚柄　5. 泡状细胞　6. 子叶　7. 胚芽　8. 胚轴　9. 胚根

化完成的阶段,包括心形胚和鱼雷形胚阶段。在球形胚体顶端两侧,细胞分裂较快形成2个子叶原基,整个胚呈心形,为心形胚时期。在鱼雷形胚阶段,子叶进一步伸长。

随后子叶随着胚囊形状而弯曲,胚柄逐渐退化,仅胚柄基部的泡状细胞比较明显。该时期近胚囊外侧的胚乳游离核已形成细胞壁成为胚乳细胞,以后随着胚体长大,胚乳细胞又解体,将营养转运到胚并储藏在子叶中。

(3) 成熟胚时期。整个胚已弯曲呈马蹄形,有两片肥大的子叶,子叶之间夹生的小突起是胚芽,另一端是胚根,胚芽与胚根之间为胚轴。此时胚乳大部分已被吸收,珠被已发育成种皮,胚珠形成了种子。

3. 荠菜胚整体压挤法(选做内容)　采用整体压挤法对荠菜胚的发育进行活体观察,形态自然逼真,方法简便,效果好。观察其他植物胚的发育也可借鉴此方法。

取新鲜的不同发育时期的荠菜短角果,从果内取出胚珠,放在盛有 5%

KOH 溶液的凹面载玻片或表面皿中浸泡 5 min 左右,将胚珠取出用清水漂洗后置于载玻片上,加 1 滴 10% 甘油,盖好盖玻片后用解剖针轻轻敲击盖玻片上方,即可将荠菜幼胚从胚珠中挤压出来。

实验时材料必须新鲜,否则胚无韧性,易将材料压碎。此外,KOH 浸泡时间、压挤时用力均要适当。

4. 单子叶禾本科植物胚的发育 取不同发育时期小麦胚纵切制片观察(图 10-3),通常合子休眠后经过多次分裂,形成基部较长、顶部由小渐大的梨形(洋梨形)原胚,以后原胚开始分化,首先是梨形原胚偏上一侧出现一个小凹沟,以后凹沟处继续分化出胚的各个器官。注意观察子叶(盾片)、胚芽鞘、胚芽、胚根鞘、胚根、胚轴和外子叶各部分发生部位及整个幼胚结构。

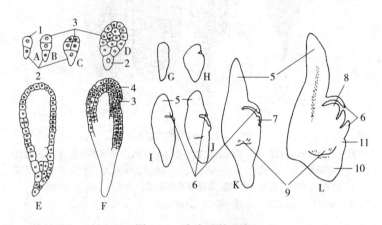

图 10-3 小麦胚的发育

A~F. 小麦胚初期发育时的纵切面(示发育的各个时期) G~L. 小麦胚发育过程图解
1. 胚细胞 2. 胚柄细胞 3. 胚 4. 子叶发育早期 5. 子叶(盾片)
6. 胚芽鞘 7. 第一片营养叶 8. 胚芽生长锥 9. 胚根 10. 胚根鞘 11. 外子叶
(引自华东师范大学,1982)

(二)种子的结构和类型

实验前 2~3 d 将菜豆、蚕豆等种子浸泡于清水中,让其充分吸胀与软化,以利于种子的解剖观察。实验时先观察种子的外部形态特征,再动手解剖并观察种子的基本组成与内部结构。

1. 双子叶无胚乳种子的形态结构

(1)菜豆种子的形态结构。取一粒已浸泡吸胀的菜豆种子观察(图 10-4),种子呈肾形,外面有一层革质的种皮,其颜色依品种不同而异。在种子稍凹的一侧,有一条疤状痕,它是种子成熟时与果实脱离后留下的痕迹,称为种脐。

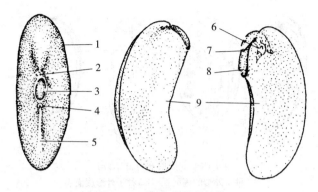

图 10-4 菜豆种子的结构
1. 种皮 2. 种孔 3. 种脐 4. 种瘤 5. 种脊
6. 胚芽 7. 胚轴 8. 胚根 9. 子叶
（引自李扬汉，1984）

将种子擦干，用手挤压种子两侧，有水和气泡从种脐一端溢出，此处为种孔，即胚珠时期的珠孔。当种子萌发时，胚根首先从种孔中伸出突破种皮，所以亦称发芽孔。在种孔另一端种皮上，近处有一瘤状突起，即种瘤，远端是种脊，内含维管束。

剥去种皮，剩下部分即是种子的胚，由子叶、胚芽、胚轴和胚根 4 部分组成。两片肥厚的豆瓣为子叶，掰开两片子叶，可见子叶着生在胚轴上，在胚轴上端的芽状物为胚芽，还有两片有脉纹的幼叶。小心用解剖针挑开幼叶，在解剖镜下观察，可看到胚芽的生长点和突起状的叶原基。在胚轴下端，露出于子叶之外光滑的锥形物为胚根。

（2）蚕豆种子的形态结构。按观察菜豆种子的方法，取一粒已浸泡好的蚕豆种子进行解剖观察，注意比较二者形态结构的异同。

2. 双子叶有胚乳种子的形态结构　可选用蓖麻、番茄、荞麦等种子作为实验材料。

取蓖麻种子观察（图 10-5），种子具两层种皮，外种皮坚硬、光滑，并有花纹，内种皮薄而软。种子一端有由外种皮延伸而成的白色海绵状突起，称为种阜，种阜能吸收水分，有利于种子萌发。在种子腹面种阜内侧的小突起即为种脐，不很明显。种孔被种阜遮盖，一般看不见。在种子略平的一面，其中央有一条纵向隆起为种脊，它是倒生胚珠的珠柄与珠被愈合处留于种皮上的痕迹。

剥去种皮，其内白色肥厚的部分即为胚乳。用手小心地沿胚乳窄面自然地掰开胚乳成两半，可见胚乳内方有两片较薄具脉纹的片状物，即子叶。在两片子叶之间近种阜一端有一圆锥状小突起，为胚根。胚的另一端，夹在两片子叶

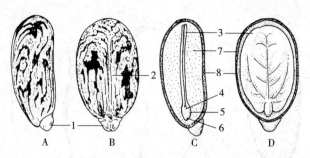

图 10-5 蓖麻种子的结构
A. 种子外形的侧面观 B. 种子外形腹面观
C. 与子叶面垂直的正中纵切面 D. 与子叶面平行的正中纵切面
1. 种阜 2. 种脊 3. 子叶 4. 胚芽 5. 胚轴 6. 胚根 7. 胚乳 8. 种皮
（引自华东师范大学，1982）

之间的小突起就是胚芽。胚轴很短，但可见它连接着两片子叶、胚芽和胚根。

3. 单子叶植物有胚乳"种子"的形态结构 玉米、小麦和水稻等籽粒，从形态发生来看，它们是由子房发育而来的，应为果实，它的果皮薄，和种皮愈合在一起不易分开，内含一粒种子。在种子纵切面上，种皮以内为胚乳，胚位于种子基部一侧（小麦、水稻）或下端基部胚乳中（玉米）。上述籽粒是结构特殊的颖果（果实）。

（1）玉米颖果的形态结构。取一粒玉米籽粒观察（图 10-6），其外形为圆

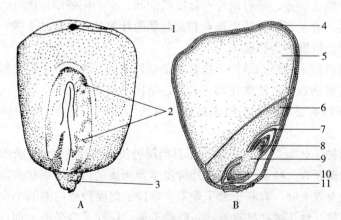

图 10-6 玉米颖果的结构
A. 玉米颖果外形 B. 颖果纵切面
1. 花柱遗迹 2. 胚 3. 果柄 4. 果皮和种皮 5. 胚乳 6. 盾片
7. 胚芽鞘 8. 胚芽 9. 胚轴 10. 胚根 11. 胚根鞘
（引自周仪，1993）

形或马齿形,稍扁,在下端有果柄,去掉果柄时可见到果皮上有一块黑色组织,即为种脐。透过果皮与种皮可清楚地看到胚位于宽面的下部。

用刀片垂直干颖果宽面,沿胚的正中纵切成两半,用解剖镜观察其纵切面,它外面有一层厚皮,由果皮和种皮愈合而成。果皮与种皮以内大部分是胚乳,胚位于背侧基部的一角。在切面上加一滴稀释的 I_2-KI 溶液可见胚乳马上变成蓝黑色,胚呈橘黄色。仔细观察胚的结构,可看到锥形的胚根,外有胚根鞘,上部为胚芽,外有胚芽鞘。用解剖针可以挑起胚根和胚芽。位于胚芽和胚乳之间的盾状物即为盾片(内子叶),胚芽与胚根之间和盾片相连的部分为胚轴。

再取玉米胚纵切制片在显微镜下详细观察胚的结构,分辨胚的各个组成部分。注意观察子叶与胚乳相连接处有一层较大、呈柱状排列的整齐的细胞,称为上皮细胞。它有什么功能?

(2) 小麦(或水稻)颖果的形态结构。按观察玉米颖果的方法和步骤观察(图 10-7)。小麦籽粒较玉米小,呈椭圆形,具腹沟,顶端有一丛单细胞的表皮毛——果毛,其他方面和玉米相似。然后取小麦胚纵切制片在显微镜下观察其胚的结构,基本上和玉米相似,主要不同点是小麦胚轴一侧与盾片相对的地方,有一片薄膜状的突起,称为外胚叶。

水稻的糙米相当于一颖果,其外面包被的谷壳由小花的内外稃片发育而来,其胚的结构和小麦胚相似,但呈明显弯曲状。

(三) 果实的结构与类型

1. 果实的结构

(1) 真果。真果是仅由子房发育而来的果实。观察桃的果实(图 10-8),最外层较薄而有毛的

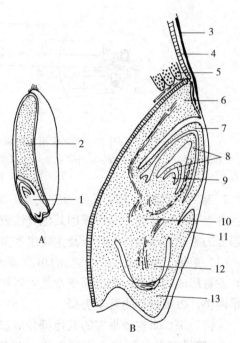

图 10-7 小麦籽粒纵切面(示胚的结构)
A. 籽粒纵切面 B. 胚的纵切面
1. 胚 2. 胚乳 3. 果皮与种皮的愈合层 4. 糊粉层 5. 淀粉储藏细胞 6. 盾片 7. 胚芽鞘 8. 幼叶 9. 胚芽生长点 10. 胚轴 11. 外胚叶 12. 胚根 13. 胚根鞘
(引自李扬汉,1984)

是外果皮，其内肥厚、肉质、多汁、供食用的部分为中果皮，内果皮坚硬，内含一粒种子。

（2）假果。假果的结构比较复杂，除由子房发育而成的果皮外，还有其他部分参与果实的形成。观察苹果（或梨）的果实（图10-9），其托杯与外、中果皮均肉质化，无明显界线，为食用部分；内果皮木质化，常分隔成4～5室，中轴胎座，每室含两粒种子。

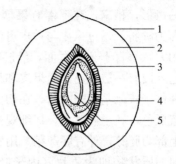

图 10-8 桃果实的纵切面
1. 外果皮 2. 中果皮 3. 内果皮
4. 种子 5. 胚
（引自李扬汉，1984）

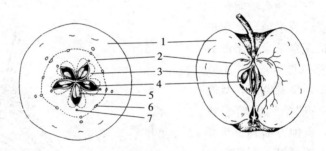

图 10-9 苹果果实的纵切面和横切面
1. 托杯膨大部分 2. 心皮外限 3. 中果皮 4. 内果皮 5. 种子 6. 萼筒维管束 7. 心皮维管束
（引自李扬汉，1984）

2. 果实的类型　果实可分为三大类，即单果、聚合果和聚花果（复果）。取各种果实进行横切、纵切或用其他方法解剖观察，对照下列图解，识别果实各部分的来源和结构特点，以及主要果实类型的特征。

（1）单果。单果是由一朵花的单雌蕊或复雌蕊的子房（或和花的其他部分）发育形成的果实。根据果皮及其附属物的质地不同，单果可分为肉质果和干果两类，每类再分为若干类型。

①肉质果：果皮或果实的其他部分成熟后肉质多汁（图10-10）。

A. 浆果：由一至数个心皮组成，外果皮膜质，中果皮、内果皮均肉质化，充满液汁，内含一粒或多数种子，如番茄、葡萄等。

B. 瓠果：为葫芦科植物特有果实类型，是由3心皮下位子房侧膜胎座发育而来的假果。子房壁与花托结合形成外果皮，中果皮与内果皮肉质，胎座常很发达，如黄瓜、南瓜等。

C. 柑果：由复雌蕊形成，外果皮革质，有精油腔；中果皮较疏松，分

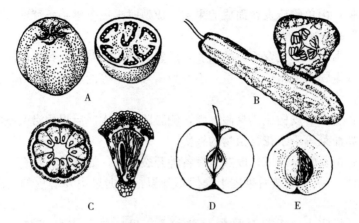

图 10-10 肉质果的类型
A. 番茄的浆果 B. 黄瓜的瓠果 C. 温州蜜橘的柑果 D. 苹果的梨果 E. 桃的核果
(引自强胜,2017)

布有维管束;中央隔成瓣的是内果皮,向内生长许多肉质多浆的汁囊,是食用的主要部分;中轴胎座,每室种子多数,如柑橘等。

D. 梨果:由托杯(花筒)与子房合生而发育形成的假果。外果皮与中果皮均肉质,内果皮革质,中轴胎座,如梨、苹果等。

E. 核果:由一至多个心皮组成,种子常一粒,内果皮木质,坚硬,包于种子之外,构成果核。有的中果皮肉质,为主要的食用部分,如桃、李等。

②干果:果实成熟后,果皮干燥。根据果实成熟后果皮是否开裂可分为裂果和闭果(图10-11)。

A. 裂果:果实成熟后果皮干燥而开裂,根据心皮的数目和

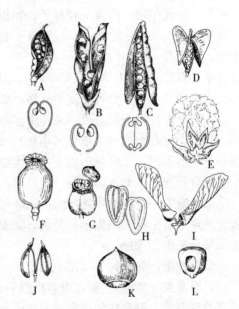

图 10-11 干果的类型
A. 蓇葖果 B. 荚果 C. 长角果 D. 短角果
E. 背裂蒴果 F. 孔裂蒴果 G. 盖裂蒴果
H. 瘦果 I. 翅果 J. 双悬果 K. 坚果
L. 颖果
(引自徐汉卿,1996)

开裂方式的不同又可分为以下几类。

蓇葖果：由单雌蕊发育而成的果实，成熟时果皮仅沿一条缝线（背缝线或腹缝线）开裂，如梧桐。

荚果：由单雌蕊发育而成的果实，成熟时果皮沿背、腹缝线同时开裂，如豆类。但花生的荚果生长在土里，不开裂。含羞草等的荚果呈分节状也不裂开而成节荚。

角果：由2心皮构成，具假隔膜，侧膜胎座，成熟后果皮沿两条腹缝线同时开裂，如油菜等十字花科植物的果实。

蒴果：由复雌蕊构成，成熟后有各种开裂方式，如棉花、百合等。

B. 闭果：果实成熟后果皮干燥但不开裂，根据果皮及心皮的情况可分为以下几类。

瘦果：果实小，成熟时只含一粒种子，果皮与种皮易于分离，如向日葵等。

翅果：果皮延伸成翅，如榆树等。

坚果：果皮坚硬，内含一粒种子，如板栗等。

颖果：由2～3心皮组成，一室含一粒种子，果皮与种皮愈合不易分开，如玉米、小麦等。

分果（双悬果）：由2个或2个以上心皮组成，各室含一粒种子，成熟时各心皮沿中轴分离开，但各心皮不开裂，如胡萝卜等。

（2）聚合果。聚合果是由一朵花中多数离生单雌蕊和花托共同发育而成的果实。每一个雌蕊形成一个单果（小果），许多单果聚生在花托上，称聚合果，根据小果性质不同，又可分为以下几种类型。

①聚合蓇葖果：如八角茴香、玉兰等。

②聚合瘦果：多数瘦果聚生在一个膨大肉质花托上，如草莓（图10-12A）；多数骨质瘦果聚生在凹陷壶形花托里，如蔷薇、月季等（图10-12B、C）。

③聚合坚果：如莲。

④聚合核果：如悬钩子（图10-12D）。

（3）聚花果（复果）。聚花果是由整个花序发育成的果实。桑葚是由整个雌花序发育而成，每朵花的子房各发育成一个小瘦果，包藏在肥厚多汁的肉质花被中。无花果是多数小瘦果包藏于肉质凹陷的囊状花序轴内形成的一种复果。凤梨（菠萝）是很多花长在肉质花序轴上一起发育而成，花不孕，肉质可食用部分主要由花序轴和螺旋状排列的花组成（图10-13）。

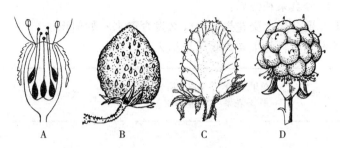

图 10-12 聚合果
A. 月季的聚合瘦果 B、C. 草莓的聚合瘦果 D. 悬钩子的聚合核果
(引自强胜,2017)

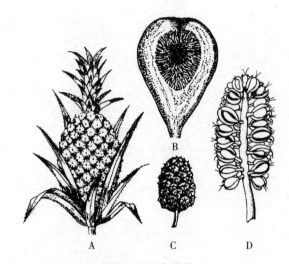

图 10-13 聚花果
A. 凤梨(菠萝) B. 无花果 C、D. 桑葚
(引自强胜,2017)

四、作业与思考题

1. 在豆类植物的成熟种子中并没有看到胚乳,你知道是什么原因吗?
2. 禾谷类作物种子内具有丰富的胚乳,种子(果实)成熟时这些胚乳细胞是活细胞吗?
3. 比较菜豆种子和小麦种子的区别。绘小麦胚的结构轮廓图,并注明各部分结构的名称。

4. 如何区分真果和假果？
5. 单果、聚合果、聚花果各由什么发育而来？如何识别？
6. 观察不同植物的果实，将结果记入下表。

植物名称	真果/假果	单果/聚合果/聚花果	果皮干燥/果皮肉质	是否开裂	果实种类	备注

第二部分

植物界的类群和被子植物分类

实验十一
低等植物：蓝藻、真核藻类、地衣

低等植物包括藻类、菌类和地衣三大类群。藻类是一群含有光合色素、能独立生活的自养原植体植物的总称，是最古老的植物类群之一。藻类的植物体在形态结构上千差万别，有单细胞、群体、多细胞个体。根据细胞结构不同，藻类又可分为原核的蓝藻（蓝细菌）和真核藻类。菌类植物通常是指无叶绿素等色素、营异养生活的一类低等植物，可分为细菌门、黏菌门和真菌门3类。地衣是藻类（蓝藻或绿藻）和真菌的共生植物体。本实验通过观察藻类、地衣的一些代表植物，了解其特点和繁殖方式。

一、目的和要求

1. 了解蓝藻门、绿藻门、褐藻门及地衣植物的主要特征。
2. 了解它们在植物系统进化中的地位和代表植物。
3. 学习低等植物实验观察的基本方法。

二、材料、器具和试剂

1. 植物材料　念珠藻、鱼腥藻、节旋藻、衣藻、小球藻、水绵、轮藻、地衣的生活材料或液浸标本，海带液浸标本等。

2. 永久制片　衣藻、小球藻、团藻、轮藻的永久制片，水绵接合生殖永久制片，带片横切永久制片，叶状地衣横切永久制片等。

3. 器材　显微镜、镊子、解剖针、载玻片、盖玻片、纱布、吸水纸等。

4. 试剂　蒸馏水、I_2-KI 溶液等。

三、内容和方法

（一）蓝藻（蓝细菌、蓝绿藻）

蓝藻是一类构造极为简单的原核植物，植物体为单细胞、群体或多细胞的丝状体；主要特征是无细胞核和其他细胞器的分化，为原核细胞；含叶绿素a、藻蓝素，植物体呈蓝绿色，储藏物为蓝藻淀粉等（图11-1）。

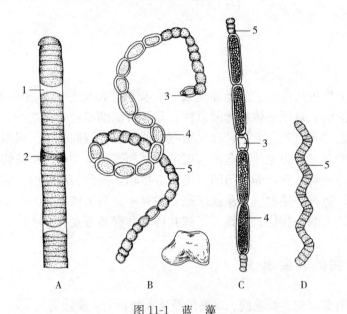

图 11-1 蓝 藻
A. 颤藻属 B. 念珠藻属 C. 鱼腥藻属 D. 螺旋藻属
1. 死细胞 2. 隔离盘 3. 异形胞 4. 厚垣孢子 5. 营养细胞

1. 念珠藻属（*Nostoc*）　念珠藻属生活在水中、稻田、潮湿土表或岩面上，属固氮蓝藻。

取新鲜或液浸地木耳（*Nostoc commune*）一块，其外形为胶质片状，用手触摸有何感觉？用镊子撕取一小块胶质，置于载玻片中央的水滴中，并用镊子尽量压碎使其分散，加盖玻片后观察（图 11-1B）。

植物体外面有很厚的胶质鞘，内面有许多念珠状细胞组成的单列藻丝，丝外被有胶质鞘。换高倍镜观察，可见藻丝中的细胞可区分为营养细胞、异形胞和厚垣孢子。丝状体中，较大型的异形胞将丝状体隔开成段（称藻殖段）。异形胞壁厚，与营养细胞相连处内壁有球状加厚，称为节球，由于细胞内缺乏藻蓝素而呈淡黄绿色。它们的功能与营养繁殖和固氮有关。营养细胞中央色淡区域为核质部分，周缘色深处（蓝绿）为色素质。在藻丝中有时还可以看到连续的几个大型椭圆形厚壁细胞，细胞内含物变稠，故颜色较深，它们是厚壁休眠孢子（厚垣孢子）。这些孢子经休眠萌发成新的丝状体。

操作要点：观察异形胞和胶质鞘时应将视野光线调稍暗些。在观察营养细胞时，要正反扭动显微镜的细调焦轮，才能清晰地观察到细胞中央区域和周缘区域。

2. 鱼腥藻属（*Anabaena*） 鱼腥藻属多生于池塘、沟渠或有机质丰富的湖泊、水库中，有的与蕨类植物满江红共生，也为固氮蓝藻。

用吸管取一滴含有鱼腥藻的标本制成临时装片，或取数枚满江红叶片，置于载玻片中央水滴中，用镊子将满江红叶片挑开，再反复挤压，弃去叶片残渣，加上盖玻片在显微镜下观察（图 11-1C）。注意区分每条丝的 3 种类型细胞（营养细胞、异形胞和厚垣孢子），并和念珠藻属进行比较，观察两者有何异同之处。

3. 节旋藻属（*Arthrospira*） 该属的极大节旋藻（*A. maxima*）和钝顶节旋藻（*A. platensis*）常养殖、供食用。在显微镜下可见藻体为多个细胞连接的丝状体，呈螺旋状。节旋藻属曾被归到螺旋藻属（*Spirulina*）中，现在藻类学家根据分子生物学的证据，又重新恢复了节旋藻属。

（二）真核藻类

1. 绿藻门（Chlorophyta） 绿藻门是藻类植物中种类最多的一大类群，分布极广，以淡水为多。它们所含色素、细胞壁成分、储藏物质（淀粉）、顶生鞭毛和高等植物相同。藻体为鲜绿色，被认为是高等植物的祖先。绿藻门植物的形态、结构和生殖方式各式各样。

（1）衣藻属（*Chlamydomonas*）。衣藻属为单细胞藻类，常生活在有机质较丰富的水沟或临时积水中，使水呈草绿色。

用吸管吸取含有衣藻的水液一小滴，制成临时装片观察（图 11-2），也可观察衣藻永久制片。衣藻是卵形、球形的单细胞绿藻，细胞壁薄，前端具两根等长的鞭毛，因此能游动。叶绿体多为杯状，其开口位于细胞前端；在叶绿体基部有一个大的蛋白核，色淡；在叶绿体近前部侧面有一个红色眼点；在细胞前端细胞质中常可见到两个发亮的伸缩泡。活体观察后可从盖玻片一侧加一滴 I_2-KI 溶液将细胞杀死并染色，可见蛋白核（旧称淀粉核）上聚集淀粉被染成蓝紫色，细胞前端两条鞭毛因吸碘膨胀变粗而清晰可见。

观察难点：衣藻细胞很小，首先要在显微镜下找到衣藻，另外，细胞核较

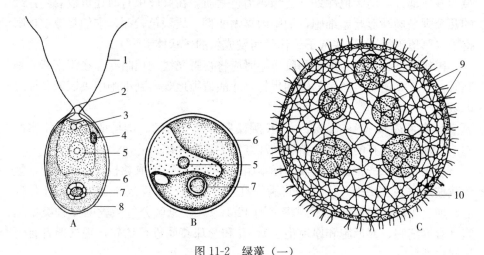

图 11-2　绿藻（一）
A. 衣藻属　B. 小球藻属　C. 团藻属
1. 鞭毛　2. 细胞前端突起　3. 伸缩泡　4. 眼点　5. 细胞核　6. 杯状叶绿体
7. 蛋白核　8. 细胞壁　9. 子球体　10. 母球体

难观察，注意在叶绿体围绕的腔内细胞质中寻找，核小，被染成橘黄色。

（2）小球藻属（*Chlorella*）。小球藻属多生活在有机质丰富的水中，是一种不具鞭毛、不能运动的单细胞藻类。

用吸管吸一小滴小球藻水液制成临时装片观察（图 11-2 B），藻体很微小，在高倍镜下才能看见球形或椭圆形的小球藻。一个叶绿体，片状弯生，但往往只能从细胞内发亮的凹处来辨别。也可观察小球藻永久制片。

（3）团藻属（*Volvox*）。团藻属为多细胞群体。

观察团藻永久制片（图 11-2C）：团藻是由数百个至数万个衣藻型细胞以胞间连丝连接而成的球形藻体。细胞外具胶质鞘，整个球体中央是充满液体的大腔，每个细胞的两根鞭毛露出鞘外，但在制片中不易见到。有的母团藻的大腔中还可看到一至数个未脱离母体的子团藻个体（为无性繁殖时产生），还有的产生第三代团藻个体。有的群体腔内具有合子（是有性生殖过程产生的），细胞大，具突起的花纹和黄色厚壁。团藻细胞已开始有了分工。

（4）水绵属（*Spirogyra*）。水绵属为多细胞不分枝的丝状体。

先看看水绵的颜色，并用手触摸是否有滑腻感觉（细胞壁外层有大量果胶质）。再取少量水绵丝状体做临时装片（图 11-3A）观察。在显微镜下可以看到水绵为单条不分支的丝状体，由许多圆筒形的细胞连接而成。每个细胞内有一至数条带状叶绿体，呈螺旋状悬浮于细胞质中。每条叶绿体上有一列发亮的小颗粒，为蛋白核，细胞中有一个液泡，中央悬浮着一个细胞核，由原生质丝与周围的原生质相连。在盖玻片一侧加一滴 I_2-KI 溶液染色后再进行观察，即可清晰地看到细胞核被染成橘黄色，而淀粉遇碘呈蓝紫色。

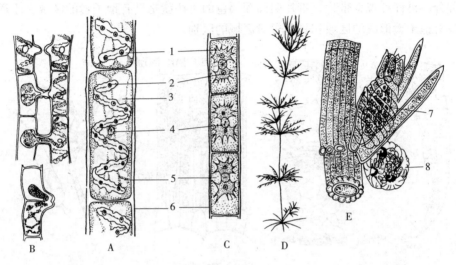

图 11-3　绿藻（二）

A. 水绵属一部分植物体　B. 水绵属植物有性生殖梯形接合和侧面接合　C. 双星藻属部分植物体
D. 轮藻属植物体　E. 轮藻藻体一部分（示节上轮生假叶、卵囊球和精囊球）
1. 叶绿体　2. 蛋白核　3. 液泡　4. 细胞核　5. 细胞质　6. 细胞壁　7. 卵囊球　8. 精囊球

取水绵接合生殖永久制片观察（图 11-3B），注意接合生殖有以下几个主要时期：两条并列藻丝的细胞中部侧壁突起，两相对细胞突起接触形成接合管，两相对细胞（配子囊）的原生质体浓缩成配子，一个配子通过接合管向另一配子囊流入，一条藻丝的配子囊变空，另一条藻丝的配子囊中形成合子。

（5）轮藻属（*Chara*）。轮藻属为藻体高度分化的一类绿藻，多生于淡水中，尤其在含有钙质或硅质较多的浅水湖泊、池塘或稻田中可大片生长。

取轮藻新鲜材料观察轮藻外形（图 11-3D），分辨轮藻主枝、侧枝、轮生短分枝和假根，分辨植物体上节和节间，轮生短分枝节上的单细胞苞片和小苞片。

再取轮藻永久制片置显微镜下观察（图 11-3E），首先确定卵囊球和精囊球生长的位置，并比较其形状和大小有什么不同。注意轮藻有性生殖为卵式生殖。

2. 褐藻门（Phaeophyta）　褐藻门藻类绝大多数生活在海水中，只有几种生活在淡水中，它们的藻体多为大型，外形上有类似高等植物根、茎、叶的分化和组织分化；含叶绿素 a 和叶绿素 c 及较多的叶黄素和胡萝卜素，故藻体一般为黄褐色。褐藻和人类关系密切，经济价值大。

以海带（*Laminaria japonica*）为材料，先观察海带液浸标本或腊叶标本（图 11-4），可见孢子体外形可分为假根状的固着器、短柱形的柄及扁平带片 3 部分。再仔细观察带片，带片两面深褐色的斑块就是具有孢子囊的区域。注意没有孢子囊形成的区域和具孢子囊区域的区别。

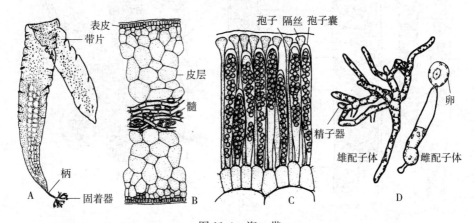

图 11-4 海 带
A. 海带孢子体 B. 带片的横切面 C. 孢子囊 D. 配子体

取带片横切永久制片置显微镜下观察，其可分为表皮、皮层和髓部 3 部分。表皮，带片两面最外的 1～2 层小型、排列紧密并具色素体的细胞。皮层，位于表皮内的多层细胞。靠近表皮下方的几层皮层细胞较小、含有色素体，称为外皮层，其内可看到黏液腔。在外皮层内方较大而无色的细胞为内皮层。髓部，带片中央疏松的部分，是由细长的髓丝和端部膨大的喇叭丝所组成，具有输导功能。

3. 观察其他藻类标本　如紫菜、石花菜等。

（三）地衣

观察壳状地衣、叶状地衣和枝状地衣 3 种类型地衣的盒装标本，从形态上加以区分。另取叶状地衣横切永久制片在显微镜下观察，其结构包括上皮层、藻胞层、髓层和下皮层。上皮层和下皮层均由致密交织的菌丝构成。藻类细胞聚集在上皮层之下，形成 1 层明显的藻胞层。髓层介于藻胞层和下皮层之间，由一些疏松的菌丝构成。髓层中没有或只有很少的藻细胞。

叶状地衣一般有藻胞层，称为异层地衣。壳状地衣上皮层之下没有明显的单独的藻胞层结构，藻细胞在髓层菌丝中均匀地分布，这样的构造称为同层地衣。壳状地衣也无下皮层，髓层与基质直接相连。

四、作业与思考题

1. 绘制念珠藻、水绵属一段丝状体的构造图，并注明各部分名称。
2. 根据观察材料，总结蓝藻门、绿藻门和褐藻门的异同。
3. 蓝藻门植物有哪些原始性状？你能说出除本实验提及的其他一些蓝藻门植物吗？
4. 水绵具有哪几种类型的生殖方式？
5. 通过对绿藻门几种代表植物的观察，你能总结出绿藻门在植物体、繁殖方式和生活史方面的进化趋势吗？
6. 藻类有哪些生态意义和经济价值？

颈卵器植物

一、目的和要求

1. 通过对代表植物的观察,掌握颈卵器植物(苔藓植物、蕨类植物和裸子植物)的主要特征和生活史特点,正确理解它们在植物界中的系统地位。
2. 认识一些常见的苔藓、蕨类和裸子植物。

二、材料和器具

1. 植物材料 地钱和葫芦藓(或其他藓类植物)配子体、孢子体的新鲜材料或浸泡标本或腊叶标本,卷柏、木贼、槐叶萍、蕨、贯众、鳞毛蕨、芒萁(或其他蕨类植物)配子体、孢子体的新鲜材料或浸泡标本或腊叶标本,苏铁、银杏、油松(或其他松属植物)、杉木、侧柏的新鲜材料或浸泡标本或腊叶标本等。

2. 永久制片 地钱雌、雄器托纵切制片,葫芦藓雌、雄枝顶端纵切制片,真蕨孢子囊群、幼孢子体、地下茎制片,真蕨原叶体(配子体)整体制片,松小孢子叶球、大孢子叶球纵切制片等。

3. 器具 显微镜、放大镜、培养皿、镊子、解剖针、载玻片、盖玻片、擦镜纸等。

三、内容和方法

(一)苔藓植物

苔藓植物(Bryophyta)是一群小型的非维管高等植物。植物体大多有了类似茎、叶的分化，但无真根，无维管组织分化，多生活于阴湿的环境中。苔藓植物的有性生殖器官为精子器和颈卵器，受精卵均发育成胚，生活史类型为配子体发达的异型世代交替，孢子体不能独立生活，寄生于配子体上。

1. 地钱（*Marchantia polymorpha*）　地钱为苔纲植物，喜生长于阴湿土坡、水沟边、岩石上（图12-1）。

（1）观察地钱配子体。取新鲜地钱或液浸标本，用放大镜观察，所见的绿色植物体，即地钱配子体。叶片状扁平，多回二歧分叉，前端凹陷处为生长点，背面（上面）绿色，生有胞芽杯，腹面灰绿色，有紫色鳞片和假根。地钱雌、雄异株，雌配子体分叉处产生雌器托。雌器托由托柄、托盘组成，托盘为一个多裂的星状体；雄配子体分叉处产生雄器托，雄器托托盘呈盘状，边缘有缺刻（彩版3E）。

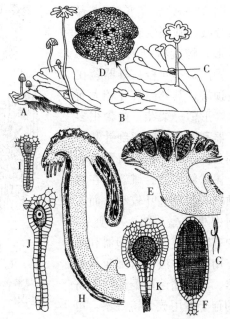

图12-1　地钱的配子体和孢子体
A. 雌配子体及雌器托　B. 雄配子体及雄器托　C. 胞芽杯
D. 胞芽放大　E. 雄器托纵切面（示精子器）　F. 精子器
G. 精子　H. 雌器托纵切面（示倒悬的颈卵器）
I. 幼期的颈卵器　J. 成熟的颈卵器腹部含一个卵细胞
K. 颈卵器内的胚

（2）观察地钱雌器托纵切制片。在低倍镜下观察可见在托盘背面有8~10条指状芒线，在芒线之间倒挂着几个长颈瓶状的颈卵器。用高倍镜观察颈卵器结构，可分为颈部、腹部和短柄。颈部外面围以一层颈壁细胞，其内有一列颈沟细胞；腹部围以腹壁细胞，其内有两个细胞，上面的一个是腹沟细胞，下面的一个是卵细胞。成熟颈卵器内的颈沟细胞和腹沟细胞均已解体。

（3）观察地钱雄器托纵切制片。可见在托盘上陷生着许多精子器腔及其开口，每个腔内有一个基部具短柄椭圆形的精子器，其内有多数精原细胞，由此产生多数精子。

（4）观察地钱孢子体示范材料。可见它生于雌器托下方，其伸入雌器托的部分称为基足，下面球形体为孢蒴，基足与孢蒴之间有一短柄，称为蒴柄。孢蒴内有圆形的孢子及长条形弹丝（彩版3F）。

2. 葫芦藓（*Funaria hygrometria*） 葫芦藓常生长在有机质丰富、含氮肥较多的湿土上，尤其是在森林火烧迹地或林间湿地上分布较多。

（1）观察葫芦藓配子体和孢子体。取葫芦藓配子体，用放大镜观察，配子体矮小，长1～3 cm，直立，有茎、叶分化（图12-2A）。茎单一或有稀疏分枝，基部生有假根。叶长舌形，螺旋状排列在茎上。雌、雄同株不同枝。雄器苞在雄枝顶端，其外面苞叶较大而外张，形似一朵花，内含很多精子器和隔丝。用解剖针和镊子剥去外面苞叶，即可看到黄褐色棒状精子器。雌器苞在雌枝顶端，其外苞叶较窄，而互相向中央包紧，似一个顶芽，其中有数个直立的颈卵器和隔丝。用同样方法可看到瓶状颈卵器。再取葫芦藓配子体上寄生的孢子体用放大镜观察，可见葫芦藓孢子体由孢蒴、蒴柄

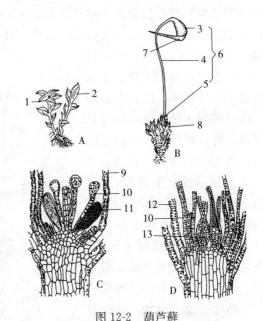

图12-2 葫芦藓
A. 配子体 B. 孢子体寄生在配子体上
C. 雄器苞纵切面 D. 雌器苞纵切面
1. 雄器苞 2. 雌器苞 3. 孢蒴 4. 蒴柄 5. 基足
6. 孢子体 7. 蒴帽 8. 配子体 9. 雄苞叶 10. 隔丝
11. 精子器 12. 雌苞叶 13. 颈卵器

和基足3部分组成（图12-2B）。蒴柄细长，上部弯曲；孢蒴梨形，内面产生孢子。当孢蒴顶出颈卵器之外而被撕裂的颈卵器部分附着在孢蒴外面，从而形成兜形具有长喙的蒴帽（颈卵器残余）。基足插生于配子体内。

（2）观察葫芦藓有性生殖器官。取葫芦藓雌顶端纵切制片观察，可见在雌枝顶端上有数个具柄的瓶状颈卵器，颈卵器外有一层细胞组成的颈卵器壁，颈部较长，内有颈沟细胞，下部为膨大的腹部，内有一个卵细胞。颈卵器之间有隔丝（图12-2D、彩版3G）。颈卵器和隔丝外为雌苞叶。观察雄枝顶端的纵切制片，可见着生有椭圆形基部具小柄的精子器（图12-2C、彩版3H）。精子器外有一层细胞组成的精子器壁，内有精子。精子器之间有隔丝，其外有雄苞叶。

（二）蕨类植物

蕨类植物（图12-3）是一类陆生的高等植物，生活史明显地分为两个阶

段,孢子体发达,有根、茎、叶和维管束的分化;配子体简化,多为简单的片状原叶体,其上可产生精子器和颈卵器。但两者都能独立生活,受精仍离不开水。蕨类植物以孢子进行繁殖,属孢子植物,主要可从茎的特点、叶大小及形状、孢子囊着生情况等进行识别。

1. 常见真蕨类植物形态学观察

①蕨(*Pteridium* sp.):孢子体分根、茎、叶3部分,根状茎长而横走,密被锈黄色短毛。幼叶拳卷,成熟后平展呈三角形,二至三回羽状复叶,叶脉分离,孢子囊群线状排列,沿叶脉着生,连续生于叶缘与各脉相连处,囊群盖两层,有柔毛,不具鳞片。

②贯众(*Cyrtomium fortunei*):生于石灰岩缝、路边或墙缝中。植株由大型羽状复叶和缩短的地下根状茎组成,总叶柄密生褐色鳞片,叶片矩圆形或披针形,叶脉网状,孢子囊群生于中脉两侧。

③鳞毛蕨(*Dryopteris* sp.):植株的根状茎粗短直立。密被鳞片,叶丛生,大型,一至四回羽状,末回小羽片基部对称。孢子囊群常生于叶背脉上缺刻处。

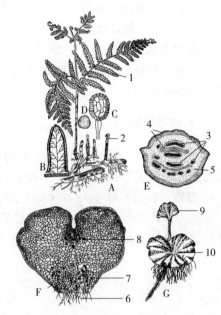

图 12-3 蕨
A. 孢子体 B. 叶背面(示沿叶缘线状排列的孢子囊群)
C. 孢子囊 D. 孢子 E. 根状茎横切面
F. 原叶体(配子体) G. 幼孢子体和配子体
1. 大型羽状复叶 2. 拳卷状的幼叶 3. 维管束
4. 机械组织 5. 薄壁组织 6. 假根 7. 精子器
8. 颈卵器 9. 幼孢子体 10. 配子体

④芒萁(*Dicranopteris dichotoma*):生于向阳荒坡酸性土或马尾松林下。其最大的特点是叶柄很长,叶轴作一至多回三叉分支,羽片背面灰白色,羽裂片锯齿状深裂。用放大镜观察裂片背部,主脉两侧为对生侧脉,每一侧脉又有小脉3~4条,在每组侧脉上侧小脉的中部着生有孢子囊群,在主脉两侧各排成一行。

2. 观察真蕨孢子囊群制片 在显微镜下观察,可见由许多具长柄的孢子囊组成孢子囊群。注意孢子囊壁由一层细胞组成。囊壁上有一级行内切向壁和侧壁增厚的细胞,称为环带,其中有少数不加厚的细胞,称唇细胞,有使孢子囊开裂和散出孢子的作用。孢子囊内产生同型孢子。

3. 观察真蕨原叶体(配子体)整体制片 可见原叶体小,绿色,呈心形,分背腹面。在其腹面有假根，在假根附近有球形精子器，在心形凹陷处有几个颈卵器。

4. 观察真蕨幼孢子体制片　在低倍镜下观察真蕨幼孢子体制片，可见具幼叶及初生根的幼孢子体仍着生在原叶体上，要依靠原叶体供应养料，直至孢子体独立生活时，原叶体才逐渐死亡。

5. 观察真蕨地下茎制片　地下茎表皮内有机械组织、薄壁组织和维管束分化。维管束中间为染成红色的木质部（管胞），木质部周围是染成绿色的韧皮部，为周韧维管束。

（三）裸子植物门

裸子植物门（Gymnospermae）植物是介于蕨类和被子植物之间的一群维管植物。它保留颈卵器，是能产生种子的一类高等植物。

1. 苏铁（铁树）（*Cycas revoluta*）　观察苏铁的新鲜材料和腊叶标本。

苏铁为常见庭园栽培的常绿观赏植物（图12-4），茎短不分枝，顶端簇生大型的羽状复叶，雌雄异株。其雄球花（小孢子叶球），圆柱形，具短梗，其

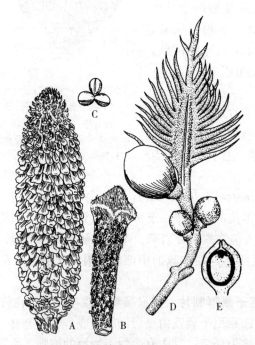

图12-4　苏　铁
A. 小孢子叶球　B. 小孢子叶背面着生许多小孢子囊
C. 小孢子囊　D. 大孢子叶及胚珠　E. 胚珠纵切面简图

上螺旋状排列许多小孢子叶,每片小孢子叶呈楔形,背腹扁平,背面密生许多由3～5个小孢子囊组成的小孢子囊群。

苏铁的每片大孢子叶扁平,密被黄褐色长绒毛,上部顶端宽卵形,羽状分裂,下部成窄的长柄,柄两侧着生3～6枚胚珠。种子核果状,成熟时红色。

2. 银杏(白果、公孙树)(*Ginkgo biloba*)　观察银杏的新鲜材料和腊叶标本。

落叶大乔木,为庭园栽种的珍贵树种(图 12-5)。顶生枝为营养性长枝,侧生枝为生殖性短枝。叶扇形,先端两裂,叶脉二叉分枝,在长枝上的叶互生,在短枝上的叶簇生。雌雄异株。

小孢子叶球(雄球花):在短枝顶端鳞片腋内着生多数呈柔荑花序状的小孢子叶球。每一小孢子叶具一短柄,柄端着生有两个小孢子囊(花粉囊)组成的悬垂的小孢子囊群,囊内含有许多小舟状的花粉。

大孢子叶球(雌球花):在短枝顶端着生几个大孢子叶球。每个大孢子叶球结构极为简单,通常仅具一长柄,柄端通常分为两叉,叉顶具盘状大孢子叶(珠领),大孢子叶上各具一枚直立的胚珠,通常只有一枚发育成种子。

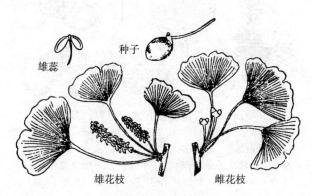

图 12-5　银　杏

3. 油松(*Pinus tabuliformis*)　我国特有树种,常绿乔木,喜干冷气候。树皮灰褐色或褐灰色,裂成不规则较厚的鳞状块片,裂缝及上部树皮红褐色;枝平展或向下斜展,老树树冠平顶,小枝较粗,褐黄色,无毛,幼时微被白粉;冬芽矩圆形,顶端尖,微具树脂,芽鳞红褐色,边缘有丝状缺裂。针叶2针一束,深绿色,粗硬,边缘有细锯齿,两面具气孔线;叶鞘初呈淡褐色,后呈淡黑褐色,宿存。小孢子叶球(雄球花)圆柱形,在新枝下部聚生成穗状。大孢子叶球(雌球花)2～3个,有短梗,着生于新枝顶部,初生时红色或紫色，以后变绿色，成熟时为褐色，常宿存树上数年之久；种鳞鳞盾肥厚、隆起或微隆起，扁菱形或菱状多角形，横脊显著，鳞脐突起有尖刺；种子具翅，卵圆形或长卵圆形，淡褐色有斑纹。

观察小孢子叶球纵切制片，可见小孢子叶螺旋状着生于中轴上，每个小孢子叶背面，有一对长椭圆形的小孢子囊（花粉囊），内具有大量小孢子（或花粉粒）（彩版 3J）。每一花粉粒具两层壁，内壁薄，外壁厚，并在其下部形成两个膨大的气囊，称为翅，花粉粒内含一个较大的粉管细胞（管细胞）和一个较小的生殖细胞（图 12-6）。观察大孢子叶球纵切制片，可见大孢子叶（珠鳞）也是螺旋状排列于中轴上。大孢子叶腹面的基部着生 2 枚裸露的倒生胚珠，其背面基部有 1 枚苞鳞（图 12-7 和彩版 3I）。观察成熟种子纵切制片，可见胚具多枚子叶，胚的周围为胚乳（彩版 3K）。

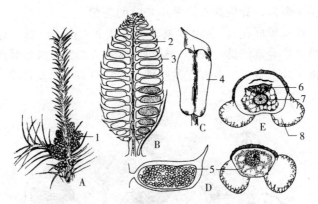

图 12-6　松属植物小孢子叶球的构造

A. 当年生枝条基部簇生小孢子叶球　B. 小孢子叶球纵切面　C. 小孢子叶的形态　D. 小孢子叶纵切面　E. 成熟花粉粒

1. 小孢子叶球　2. 中轴　3. 小孢子叶　4. 小孢子叶的背面着生 2 个小孢子囊　5. 小孢子　6. 生殖细胞　7. 管细胞　8. 翅（气囊）

4. 杉木（杉树）（*Cunninghamia lanceolata*）　常绿乔木，喜生长在深厚肥沃的微酸性土中。叶条状披针形，坚硬，边缘有细锯齿，基部扭转呈假二列状排列。雌雄同株，但不同枝。

与杉木同科的有水杉（图 12-8）、水松、池杉、柳杉等。其中，水杉是我国特产稀有珍贵的孑遗植物，落叶乔木，常作庭园观赏树种栽培。

5. 侧柏（*Biota orientalis*）　常绿乔木。取着生球果的枝条观察，可见着生鳞叶的小枝扁平，同侧生小枝排成一平面。叶鳞形，交互对生。雌雄同株（图 12-9）。

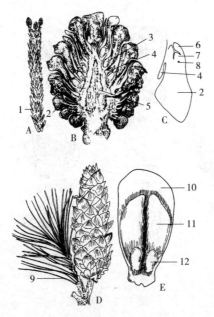

图 12-7　松属植物大孢子叶球的构造
A. 大孢子叶球生于当年生枝条顶端　B. 大孢子叶球纵切面
C. 胚珠及珠鳞纵切面　D. 球果和枝条　E. 种鳞及种子
1. 鳞片叶　2. 珠鳞　3. 胚珠　4. 苞鳞　5. 中轴　6. 珠被　7. 珠心
8. 大孢子母细胞　9. 针叶　10. 种鳞（珠鳞木化而来）　11. 种子的翅　12. 种子
（引自何凤仙，2000）

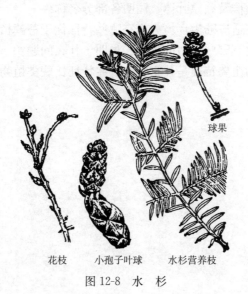

图 12-8　水　杉

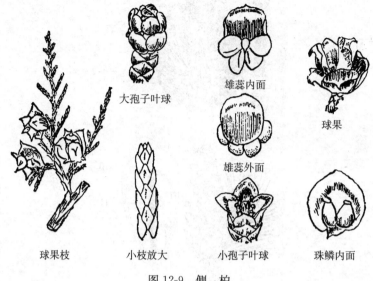

图 12-9 侧 柏

四、作业与思考题

1. 绘地钱的颈卵器和精子器。
2. 绘葫芦藓的雌器苞和雄器苞纵切面图并注明各部分名称。
3. 绘蕨孢子囊群及蕨原叶体，注明各部分名称。
4. 蕨类植物在适应陆生环境方面有哪些特征优于苔藓植物？
5. 苏铁和蕨类有哪些近似的特征？说明了什么问题？
6. 裸子植物的主要特征是什么？有哪些特征比蕨类植物更适应陆生环境？

被子植物分科（离瓣花类）

一、目的和要求

1. 通过对代表植物的观察，了解木兰科、毛茛科、十字花科、锦葵科、蔷薇科、豆科、伞形科等离瓣花类各科植物的主要特征。
2. 识别离瓣花亚纲中一些常见和主要经济植物。

二、材料和器具

1. 植物材料 紫玉兰的小枝、花、果实，油菜植株、花序及花、果实和种子，陆地棉的叶枝、花枝、果枝、花和果实，绣线菊属的叶枝、花和果实，胡萝卜植株、花序和果实等。

2. 器具 解剖镜、放大镜、镊子、解剖刀和解剖针等。

三、内容和方法

（一）木兰科

1. 紫玉兰（*Magnolia liliflora* Desr.） 取紫玉兰的小枝观察，节处有一环痕就是托叶环痕，用刀片将小枝上芽的外层剥下，辨别托叶痕的位置及托叶的形态。

（1）花。着生在小枝顶端，是大型的两性花，萼片状花被片3片，披针形，黄绿色，花瓣状花被片6片，外面紫色，内面白色，花被片轮生。雄蕊和雌蕊多数，螺旋排列于圆锥状的花托上，雄蕊的花丝扁平、粗短，花药2室，直裂，药隔突出。雌蕊有一个较长的头面，将子房纵切，可见2个胚珠，通常只有 1 个胚珠发育成种子（图 13-1）。

图 13-1 紫玉兰
A. 花枝 B. 果枝 C. 雄蕊群和雌蕊群 D. 雄蕊 E. 雌蕊群

（2）果实和种子。果实为聚合蓇葖果，每一个蓇葖果由一心皮组成，成熟时沿背缝线开裂。种子 1~2 个，外种皮鲜红色肉质，含油分，内种皮坚硬。种脐有细丝（螺纹导管）与胎座相连，垂悬于蓇葖果之外，适应于鸟类啄食传播。

2. 毛茛（*Ranunculus japonicus* Thunb.）

（1）花。观察毛茛花的各部分，萼片 5 片，花瓣 5 片。它们在花蕾中如何排列？花萼、花瓣均轮生；雄蕊多数，雌蕊多数、离生，螺旋状排列于花托上。用镊子取下一片花瓣，放在解剖镜下观察，可见花瓣的腹面有蜜槽。

（2）果实。果为瘦果，扁形。多数瘦果集生成聚合果，称为聚合瘦果（图13-2）。

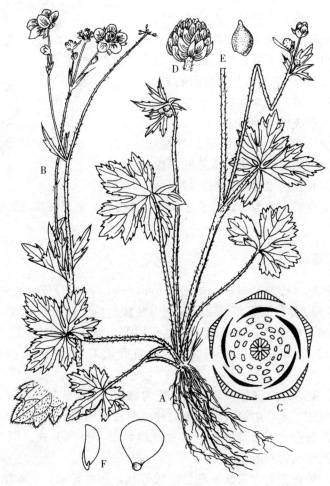

图 13-2 毛 茛
A. 植株　B. 花枝　C. 花图式　D. 聚合果　E. 瘦果　F. 花瓣基部的蜜腺穴

（二）十字花科

观察芸薹（油菜）（*Brassica rapa* var. *oleifera* de Candolle）植株，注意基生叶和茎生叶的形态变化。

(1) 花序和花。观察花在花序上开花的次序，属于何种花序。取下一朵花，观察花的各部分，萼片与花瓣各4片，互生，2轮排列，花瓣黄色，具长爪，排成"十"字形，称十字花冠；雄蕊6个，也成2轮排列，外轮2个较短，内轮4个较长，称4强雄蕊。内轮雄蕊之间有4个蜜腺，与萼片对生，雌蕊由2个心皮合生而成，由心皮连合的腹缝线上生出假隔膜，把子房分为假2室，胚珠多数，着生在假隔膜的边缘，形成侧膜胎座。

(2) 果实和种子。长角果近圆柱形，果瓣具中脉及弯曲脉。当果实成熟时沿腹缝线由下向上开裂，顶部细长的一段不开裂内面不产生种子，称为喙。种子近球形，黑褐色，剥开种皮，观察胚的形成（图13-3）。

图13-3 油菜

（三）锦葵科

观察陆地棉（棉花）（*Gossypium hirsutum* L.）的分枝，可见有叶枝和果枝两种。叶腋常有腋芽和副芽的区别，叶枝是由腋芽发育而成，果枝则由副芽发育而成。叶互生，阔卵形，长宽几相等，掌状3裂，少数为5裂，中裂片常达叶片之半，裂片三角形卵形，叶背有长柔毛；托叶2片，披针形，早落。

(1) 花。花单生，花梗短于叶柄；花的最外一轮有3片小苞片，离生，基部心形，有腺体1个，边缘有很多小裂片；苞片以内是杯状花萼，有5齿裂；花冠白色或淡黄色，后变淡绿色，观察花瓣数目和排列方式。用刀片将花纵切，可以看到雄蕊管和雌蕊。

①雄蕊。雄蕊多数，花丝下部合生成管状，包裹雌蕊，花丝结合成一体，称单体雄蕊。雄蕊管的基部与花瓣基部连生，花药1个。在花药中取花粉放在低倍镜下观察，花粉粒球形，表面有刺。

②雌蕊。雌蕊是上位子房，柱头棒状，伸出雄蕊管外，有3～5条纵沟，其数目与子房室数相同，横切子房，观察其胎座、室数和胚珠数目。

(2) 果实和种子。果卵形，成熟时室背开裂，种子表皮有绵毛和灰色纤毛，种子常含少量胚乳，子叶2个，大而卷曲成实际褶合状（图13-4）。

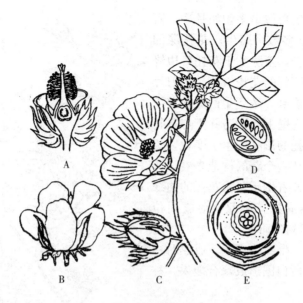

图 13-4 棉 花
A. 花纵切 B. 果实 C. 花果枝 D. 子房纵切 E. 花图式

(四) 蔷薇科

1. 绣线菊属（*Spiraea*） 取绣线菊属某一种的叶枝，观察其叶形和叶序，看有无托叶存在。取花枝鉴别其花序。

（1）花。取花一朵观察，萼片 5 片，三角形或卵状三角形；花托微凹浅盘状；花瓣 5 片，倒宽卵形，离生；雄蕊多数，离生；雌蕊 5 个，离生，呈轮状排列。从整个花的构造来看，萼片、花瓣、雄蕊均着生于花托边缘而位于子房的周围，形成周位花，子房上位。再细心观察，在雄蕊群内侧花托的边缘上可看到肉质的腺体连成一环，鲜红色（图 13-5）。

（2）果实。蓇葖果 5 个，离生，轮状排列，成熟时沿腹缝线开裂。

2. 蔷薇属（*Rosa*） 取蔷薇属某一种的叶枝，观察叶形、叶序及托叶着生情况，与绣线菊比较，单叶与复叶有何重要区别。

（1）花。花两性，花萼有 5 个萼片，花冠有 5 个离生的花瓣（有的种类有重瓣

图 13-5 绣线菊

花,为萼片的倍数或更多,如月季、野蔷薇等);雄蕊多数,离生;花托深凹陷成瓶状、中空,蜜腺生于花托口边缘上;花柱伸出瓶状的花托口外。用刀片将花托纵切可看到多数离生的雌蕊着生在瓶状花托的内壁上,子房并不与花托合生,只是花托的形状发生了变化,仍属于房上位。从整个花的构造来看,萼片、花瓣、雄蕊着生于瓶状花托的边缘而位于雌蕊的周围,因此,形成周位花,子房上位(图 13-6)。

(2) 果实。果实为瘦果,成熟时由一肉质的花托所包围形成聚合瘦果,称为蔷薇果。

3. 桃属(*Amygdalus* L.) 取桃(*Amygdalus persica* L.)冬态枝条观察,试区别其花芽与叶芽。取桃的枝叶,观察其叶序和叶形,托叶披针形,具腺体,早落。

图 13-6 钝叶蔷薇
A. 花枝 B. 花 C. 种子

(1) 花。花两性,萼片 5 片,花瓣 5 片或重瓣,雄蕊多数成轮状排列;花托深凹成杯状,蜜腺生于花托的内壁上,淡黄色;雌蕊 1 个,着生于花中央;子房上位,不与花托合生。从整个花的构造来看,萼片、花瓣、雄蕊均着生于花托边缘上,位于雌蕊的周围,形成周围花,子房上位。取雌蕊 1 个,用刀片将子房纵切,放在解剖镜下观察,子房是由 1 个心皮组成,1 室,内含 2 个胚珠,仅一个发育成种子。

(2) 果实和种子。取桃的果实,用解剖刀纵切,并把果核打开,鉴别是什么果实,种子有无胚乳,胚的形态如何(图 13-7)。

4. 梨属(*Pyrus*) 取梨属某一种,观察其叶形和花序类型。托叶存在,常早落。

(1) 花。花两性;花萼 5 裂,花瓣 5 片;雄蕊多数,沿花托的边缘着生,排成一至数轮;雄蕊内侧花托边缘上有黄色的蜜腺;用刀片将一朵花纵切(注意不要把花柱切断),另一朵花则横切(经过子房部分),观察下列部分:

①花柱是离生还是合生?

②心皮 2~5,互相连合为 2~5 室的复合雌蕊,每室含 2 多数胚腺。

③花柱与子房是否同数？

④子房壁与杯状花托完全合生，形成下位子房。

从梨属整个花的构造分析，萼片、花瓣、雄蕊均着生于子房上方，子房却生于花的其他部分的下方，因此，形成上位花，下位子房。

（2）果实。果实称梨果。将果纵切和横切，可以看见心皮和花托的关系，果成熟时，花托肥厚肉质，包围子房形成假果，供食用的部分主要是花托及花髓部。心皮的壁部分为3层，内果皮为草质或皮质，中果皮和外果皮为肉质，彼此不易分辨（图13-8）。

（五）豆科

取蚕豆（*Vicia faba* L.）植株观察，叶为羽状复叶，有小叶1~3对，顶端小叶变成针状；托叶大，半箭头形，总状花离腋生。根部有根瘤细菌共生。

花两性，花萼针状，5裂。花冠蝶形，花瓣大小不均等，向下覆瓦状排列。近轴的（上面的）1片花瓣最大，称为旗瓣；两侧的2片花瓣较小，称为翼瓣，有大紫斑；最内面的（下面的）2片花瓣最小，连合成龙骨状，称为龙骨瓣。将龙骨瓣剥开，可见雄蕊和雌蕊，雄蕊10个，9个连合，1个离生，称为2体雄蕊；雌蕊1个，花柱弯曲，上端有毛（图13-9）。从花的构造来看，雄蕊和雌蕊均为龙

图13-7 桃
A. 花枝　B. 果枝　C. 花的纵切面　D. 花药　E. 果核

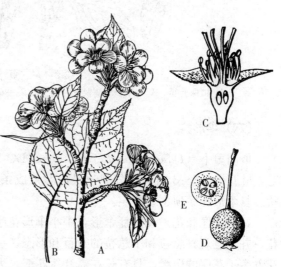

图13-8 河北梨
A. 花枝　B. 叶　C. 花纵剖　D. 果　E. 果横切面

骨瓣所包，可以理解蚕豆是自花授粉的植物。

图 13-9 蚕 豆
A. 植株上部　B. 旗瓣、翼瓣及龙骨瓣　C. 除去花冠之花　D. 荚果　E. 种子

（六）伞形科

取胡萝卜（*Daucus carota* var. *sativa* DC.）植株观察，全体被白色粗硬毛，叶互生，2~3回羽状分裂，最后裂片成条形或披针形，叶基部扩大成鞘状。复伞形花序顶生或侧生。

（1）花序和花。观察复伞形花中小伞形花序数目，每一小伞形花序有多少花，并注意观察总苞和小总苞的数目和形态。在花序中的花有两种类型：一种花着生于花序的边缘，具有长花瓣和短花瓣，大小、长短不均等；另一种花着生于花序的中央，具有大小均等的花瓣，取一个开放的花序，细心观察花开放的顺序是怎样的。

花的构造：花两性，萼片5片，形小或缺；花瓣5片，倒卵形，先端略向内卷（如为边缘花则有2~3片花瓣较长，略有外倾斜）；雄蕊5个，于花蕾中内曲，与花瓣互生着生于花盘边缘，花的中央有2条分离的花柱，基部增厚的部分称花柱足或基盘，是花盘和花柱基部合生而成，有蜜腺分泌花糖。子房下位，由2个心皮组成，2室，每室有胚珠1个。

（2）果实。果实成熟后分裂为2个小坚果，悬垂于心皮柄上，称为双悬果。果实的构造较为复杂，取未成熟的果实做横切，放在低倍镜下观察，可以看见：①每一个小坚果（或称分果）上有5条较小的突起，顶端有小刚毛，称为主棱，其基部各有一个维管束，因此一个小坚果共有5个主棱、5个维管束。②在主棱与主棱之间，有4条较长的刚毛，称为次棱，小坚果腹面的2个次棱不具刚毛；次棱基部各有一个透明油管，内含芳香油，因此一个小坚果共有6个次棱，6个油管。③小坚果中央部分是白色的胚乳（图13-10）。

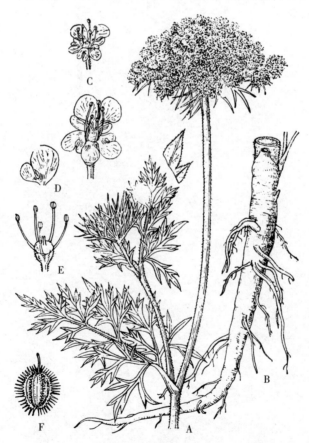

图 13-10 野胡萝卜
A. 花枝　B. 根　C. 花（有中心花与周边花两种）
D. 花瓣　E. 去花瓣后　F. 分果爿正面观

四、作业与思考题

1. 木兰科有哪些主要特征？有哪些重要的经济植物？
2. 通过实验观察，试比较木兰科和毛茛科的异同点。从中可看到哪些主要的演化趋势？
3. 十字花科和锦葵科有何主要特征？分别有哪些重要的经济植物？
4. 试说明蔷薇科4个亚科的主要特征。有哪些重要的经济植物？
5. 通过代表植物的观察，试写出伞形科和菊科的主要特征。分别有哪些重要的药用植物？

实验十四

被子植物分科（合瓣花类）

一、目的和要求

1. 通过对代表植物的观察，了解葫芦科、木犀科、菊科、茄科、唇形科、旋花科等合瓣花类植物的主要特征。
2. 识别合瓣花亚纲中一些常见和主要经济植物。

二、材料和器具

1. 植物材料　丝瓜雌（雄）花枝、雌（雄）花与果实，紫丁香、白蜡树、向日葵的花序和果实，蒲公英植株、花序和果实，辣椒、薄荷、红薯等植株、花序与果实等。

2. 器具　解剖镜、放大镜、镊子、解剖刀和解剖针等。

三、内容和方法

(一) 葫芦科

取丝瓜 [*Luffa cylindrica* (L.) Roem.] 的枝条观察，草质藤木，单叶互生，为掌状浅裂，具腋生卷须。卷须稍被毛，2～4 叉。花单性、同株，辐射对称；花萼及花冠 5 裂，雄花序总状，腋生，雄蕊 5 枚，合生，合生时常为 2 对合生，1 枚分离，雌花柱头 3 个，膨大，药室直或折曲；雌蕊子房下位，3 心皮合生 1 室，侧膜胎座，胎座肥大，常在子房中央相遇，胚珠多数，花柱 1 个，柱头膨大，3 裂。瓠果，果实成熟时内有发达的网状纤维；嫩果可作蔬菜，种子常扁平（图 14-1）。

（二）木犀科

取紫丁香（*Syringa oblata* Lindl.）或白蜡（*Fraxinus chinensis* Roxb.）小枝观察，单叶、对生，无托叶。花两性，辐射对称，圆锥花序，花冠紫色或白色，萼4裂，花冠4裂，雄蕊2枚（图14-2）。子房上位，2室，每室胚珠2。蒴果。

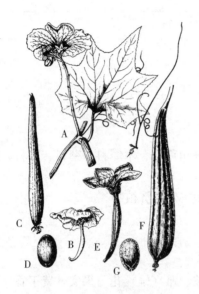

图 14-1　丝瓜和广东丝瓜
A. 丝瓜植株　B. 丝瓜雌花　C. 丝瓜果实　D. 丝瓜种子
E. 广东丝瓜雌花　F. 广东丝瓜果实　G. 广东丝瓜种子

图 14-2　紫丁香
A. 紫丁香花枝　B. 紫丁香花

（三）菊科

取蒲公英（*Taraxacum mongolicum* Hand.-Mazz.）的植株观察，多年生草本。叶基生，大头羽裂或倒向羽裂（倒裂片三角形指向后方），先端钝或急尖，基部渐狭，边缘具细齿、波状齿羽状浅裂或倒向羽状深裂，顶生裂片较大，三角状戟形，近全缘，侧生裂片较小，宽三角形，具细齿。花葶数个，单生，不分枝，与叶近等长；头状花序具总苞，舌状花多数黄色，冠毛白色，刚毛状。聚药雄蕊，子房下位，1室，具1胚珠。连萼瘦果。果实成熟时刚毛可随风飘动（图14-3）。

（四）茄科

取辣椒（*Capsicum annuum* L.）植株观察，草本、单叶互生。花两性，辐射对称，簇生或成各式的聚伞花序类；萼常5裂或平截，宿存，可随果增大；花冠5裂，呈辐射状，雄蕊5枚，着生在花冠裂片上，与花冠裂片互生。子房上位，2心皮，2室或不完全4室，中轴胎座，胚珠多数，柱头头状或2浅裂（图14-4）。浆果，种子盘形。

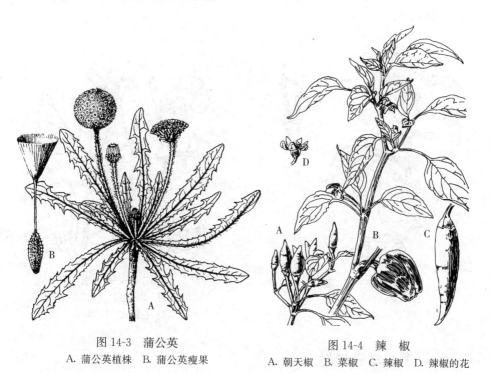

图14-3 蒲公英
A. 蒲公英植株 B. 蒲公英瘦果

图14-4 辣椒
A. 朝天椒 B. 菜椒 C. 辣椒 D. 辣椒的花

（五）唇形科

取薄荷（*Mentha canadensis* L.）植株观察，为多年生草本，有强烈清凉香气；茎呈四棱形，叶对生，叶片长卵形、具腺体。花两性，两侧对称，轮伞花序腋生，花冠淡紫色，4裂。花萼合生，通常5裂，宿存。花冠唇形，通常上唇2裂，下唇3裂，少为假单唇形或单唇形；二强雄蕊，贴生在花冠管上，花药2室，纵裂；雌蕊子房上位，2心皮，4深裂成假4室，每室含1枚胚珠，花柱着生于4裂子房隙中央的基部，柱头2浅裂（图14-5）。4枚小坚果。

(六)旋花科

取番薯[*Ipomoea batatas* (L.) Lamarck]植株观察,一年生草本,茎匍匐、具乳汁,茎节产生不定根,单叶、心形、互生、全缘、无托叶。花两性,辐射对称,花蓝色、紫色、粉红色或白色。花下有两个苞片,花萼5裂,常单生或数朵集成聚伞花序。雄蕊5个,插生于花冠基部。雌蕊多为2个心皮合生,子房上位,2室。萼片5片,常宿存,花冠常漏斗状,大而明显。果实为蒴果(图14-6)。

图14-5 薄 荷
A. 薄荷植株 B. 薄荷小花

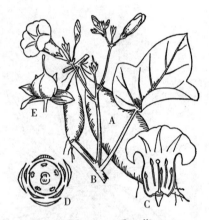

图14-6 番 薯
A. 块根 B. 花枝 C. 花的解剖
D. 花图式 E. 幼果

四、作业与思考题

1. 绘薄荷的雌蕊构造图,示二强雄蕊着生的情况。
2. 绘出紫丁香花的花图式,并写出其花程式。
3. 为什么说菊科是比较进化的一科,这对环境的适应有何意义?

实验十五
被子植物分科（单子叶植物）

一、目的和要求

通过实验要求掌握泽泻科、莎草科、禾本科、百合科的主要特征及其区别。

二、材料和器具

1. **植物材料** 慈姑、香附子、小麦、百合的植株、花、果及种子等。
2. **器具** 解剖镜、放大镜、刀片、镊子、解剖针等。

三、内容和方法

（一）泽泻科

取慈姑（*Sagittaria trifolia* L.）植株观察，矮小，多年生沼生草本，具球茎。叶片条形，基生。花茎直立，花轮生，单性，雌花常1朵，无梗，生于下轮；雄花2～5朵，有1～3 cm的梗；萼片3片，花瓣3片，雄蕊12枚，心皮多数，扁平。叶柄粗而有棱，叶片箭形。花单性，花瓣白色，基部常紫色。果为聚合瘦果（图15-1）。

（二）莎草科

取香附子（*Cyperus rotundus* L.）植株观察，多年生草本，地下有纺锤形块茎。茎直立，实心。三棱形，叶线形，排列为3列，叶鞘闭合。穗状花序成指状排列，花小，数朵排列成很小的穗状花序，称为小穗，再由小穗排成各种花序。每花具1苞片（鳞片或颖片），花被完全退化或成刚毛状。花

图 15-1 慈 姑
A. 球茎 B. 植株 C. 雌花 D. 雄花 E. 果实 F. 花序

两性,雄蕊多为3枚;雌蕊由3或2心皮组成,子房上位。果实为小坚果(图15-2)。

(三) 禾本科

取小麦（*Triticum aestivum* L.）植株观察,为越年生草本植物,植株多分蘖,叶片为条形,有叶鞘包茎。复穗状花序,小穗单生于穗轴各节,小穗由2~5朵小花组成,顶端一小花不孕。每朵花有一外稃、一内稃,浆片2片,雄蕊3枚、雌蕊1枚,雌蕊由2心皮组成,2个柱头羽毛状,果实为颖果（图15-3）。

(四) 百合科

取百合（*Lilium brownii* var. *viridulum* Baker）植株观察,多年生草本,具根鳞茎,叶为单叶互生。花两性,辐射对称;花被花瓣状,排列为两轮,通常6片,雄蕊6枚,与花被片对生。雌蕊由3心皮构成,子房3室,子房上位。蒴果（图15-4）。

图 15-2 香附子
A. 植株全形 B. 聚伞花序 C. 小穗 D. 雄蕊 E. 雌蕊

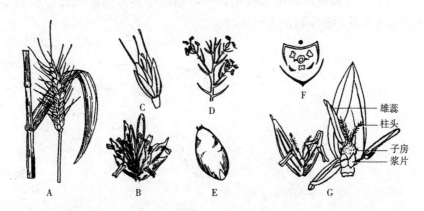

图 15-3 小 麦
A. 茎叶及花序 B. 开花的小穗 C. 小穗 D. 小穗模式 E. 颖果 F. 花图式 G. 小花

图 15-4 百 合
A. 百合鳞茎　B. 百合植株

四、作业与思考题

1. 绘小麦一朵两性花的解剖图，并注明各部分构造名称。
2. 举例说明泽泻科植物所表现的原始性。
3. 写出百合科植物的花程式，并举例说明百合科植物的经济价值。
4. 为什么说莎草科和禾本科是单子叶植物中高度适应风媒传粉的类群？举例说明禾本科和莎草科的主要异同。

第三部分
植物学实验技术

一、徒手切片和临时制片技术

(一) 实验目的和要求

掌握徒手切片的基本操作步骤及临时制片的制作方法

(二) 实验材料和用品

1. 实验材料　根据实验目的选择材料,如观察正常结构需选择生长正常无病虫害,且无机械损伤的植物根、茎、叶;材料应软硬适度,不宜太软或太硬;切较软材料时,可用马铃薯块茎、胡萝卜根等作为夹持物,将欲切的材料夹在一起切,或将叶片类材料卷成筒状再切。将欲切的材料,先截成适当大小的段块,一般切面 $3\sim5$ mm^2、长度 $2\sim3$ cm 便于手持切片。

2. 实验用品　双面刀片、培养皿(盛以清水)、镊子、毛笔、滴瓶、载玻片、盖玻片等。

(三) 操作步骤

(1) 在培养皿中放入清水,将欲切材料断面沾水(整个切片过程中均应用清水润湿材料和刀面),以左手拇指、食指、中指捏住材料,拇指略低于食指与中指,材料切面应稍高于食指,其余手指则略低于食指,以免切时误伤手指。右手执刀,将刀平放在左手食指上,刀口朝内指向材料切割面并与材料断面平行,然后以均匀快捷的动作自左前方向右后方以臂力带动刀片水平割移动(手腕不必用力)。切时动作要迅速,材料一次切下,切忌停顿或拉锯式切割。连续切数片后,用湿毛笔将切下的薄片轻轻移入盛水的培养皿中备用。(切片时注意应做连续切片,不应切一片看一片,否则切不出好的薄切片,反而浪费时间;切片过程中有时会因用力不均或刀不锋利而出现切面倾斜的现象,要及时修正。)

(2) 用毛笔(或镊子)挑选最薄而透明的切片,做成临时制片观察。

(3) 将浸泡过的载玻片和盖玻片用纱布擦净。擦载玻片时,用左手的拇指和食指夹住其边缘,右手将纱布包住载玻片的上下两面,朝同一方向轻轻擦拭;擦盖玻片时则更应小心,应先将纱布铺在右手掌中,左手拇指和食指夹住盖玻片边缘轻放纱布上,然后右手拇指和食指从上下两面隔纱布轻轻夹住盖玻片擦拭,用力要均匀,勿将盖玻片弄碎。

(4) 在载玻片中央滴一滴水,用镊子选取切好的一片或 $2\sim3$ 片薄片放在水滴中,不要使材料互相重叠。

(5) 用镊子轻轻夹住盖玻片一侧，使盖玻片另一侧边缘与水滴边缘接触，然后慢慢向下放盖玻片。这样可使盖玻片下的空气逐渐被排除，以免盖玻片下面产生气泡。如果水太多，材料和盖玻片易移动，影响观察，可用吸水纸从盖玻片一侧吸去多余水分；如果水太少，未充满盖玻片下方，也易产生气泡。

(6) 初学制片，盖玻片下容易产生气泡，此时需要注意区分气泡和植物结构。在显微镜下观察时，气泡呈圆球体，中间亮，边缘是黑圈，且随着准焦螺旋的转动，黑圈的大小也随之变化。

(7) 如临时制片需保存一段时间，可用10%～30%甘油水溶液代替清水封片，并将制片放在铺有湿滤纸的大培养皿中保存，或用指甲油封边。

(四) 作业与思考题

在观察临时制片时视野中出现气泡，如何区分气泡和植物结构？

二、石蜡切片技术

(一) 实验目的和要求

学习植物材料的石蜡制片原理和技术，掌握植物制片的基本理论和技能。

(二) 实验材料和用品

1. 实验材料　植物材料。

2. 实验用品　福尔马林、冰醋酸、无水乙醇、二甲苯、番红、曙红、固绿、石蜡、明胶、甘油、苯酚、蒸馏水、中性树胶，真空泵、刀片、温箱、转动切片机、显微镜、镊子、酒精灯等。

(三) 操作步骤

1. 取材、固定　根据所要观察材料的具体要求，进行取材。取材时考虑植物的种类、植物的年龄或发育阶段、取材的部位以及要观察的断面（是观察横切面还是纵切面）等。植物材料的要求是新鲜、发育正常、取材部位有代表性，长度不超过2 cm，在能满足观察的前提下越小越好，以便使固定液迅速进入组织，杀死细胞和便于切片。切割材料时，刀要锋利，用力要均匀，操作要迅速，避免组织破裂。

常用固定液有FAA固定液和卡诺氏固定液。FAA固定液的配制方法是50%（或70%）乙醇 90 mL＋冰醋酸 5 mL＋福尔马林（37%～40%甲醛）

5 mL。可用于固定一般植物组织。幼嫩材料用50%乙醇代替70%乙醇。若材料易收缩，可稍增加冰醋酸。久置时另加入5 mL甘油以防蒸发和材料变硬。此液又可作保存液。如果用于固定植物胚胎材料，50%乙醇89 mL＋冰醋酸6 mL＋福尔马林5 mL的配方更适合。卡诺氏固定液是研究细胞分裂和染色体的优良固定液。固定时间不宜过久。配制方法是：配方Ⅰ，95%（或者100%）乙醇3份＋冰醋酸1份；配方Ⅱ，95%（或者100%）乙醇6份＋冰醋酸1份＋氯仿3份。

将新鲜材料切成适当大小的小块（一般是0.5～1 cm³），立即投到已盛有固定液的小瓶中，材料的体积不超过固定液体积的1/20，以免影响固定效果。缓慢抽气使样品沉到瓶底，抽气过程中可观察到气泡从材料表面冒出，目的是使固定液尽快渗透到材料中。如果用FAA固定液，室温放置16 h后开始脱水，也可以长时间存放。如果用卡诺氏固定液，固定时间要缩短，等固定结束后要尽快换到70%乙醇中保存。

2. 脱水 脱水的目的是使组织内的水分全部除去，以利于透明剂和石蜡进入组织内部。通常使用的脱水剂是乙醇。

首先用接近固定液浓度的乙醇溶液冲洗1～2次，以除去组织内的固定液。然后依次用低浓度到高浓度的乙醇脱水，以免引起材料的强烈收缩变形。如果是用FAA固定液固定的材料，梯度分别为：50%乙醇→70%乙醇→85%乙醇→95%乙醇（加入曙红或者番红，使材料着色，便于在包埋后定位材料）→100%乙醇→100%乙醇。脱水乙醇的体积通常是材料体积的5～10倍，室温下每级停留1～4 h（根据材料的大小和性质而不同）。至100%乙醇，重复换1次，以保证完全脱水。否则透明剂不能进入组织。

3. 透明 透明的目的是除去脱水剂（乙醇），使石蜡容易进入植物组织。常用透明剂是二甲苯或者氯仿。

透明时材料依次经过二甲苯乙醇混合液（体积比为1∶1）→纯二甲苯→纯二甲苯。溶液的体积通常是材料体积的5～10倍。以上每步各1～2 h，使乙醇完全脱除，材料中完全浸透二甲苯，此时材料应该完全透明。如果组织脱水不彻底，组织就不能完全渗入透明剂，造成实验失败。

4. 渗蜡 渗蜡的目的是除去材料中的透明剂，使组织内部完全被石蜡替代。

盛有材料的小瓶中加入二甲苯，然后加入碎石蜡块（二甲苯与石蜡的比例约为1∶1），放入60℃温箱中。过夜，使熔蜡达到饱和，并让二甲苯徐徐挥发。此后换纯石蜡2～3次，每次间隔为3～5 d，使材料中完全渗透石蜡。

5. 包埋 包埋之前，先准备好包埋用具（镊子、酒精灯、火柴、一盆冷水及包埋用的纸盒）。将熔蜡及材料趁热倒入预制小纸盒中，用烧热的镊子调整材料位置，使之均匀分散。将纸盒浸在冷水中，至石蜡完全凝固。

6. 切片 剥离纸盒，切取包含植物材料的蜡块，每个小块包含一个材料。然后按需要的切面将蜡块切成梯形，切面在梯形的上部（注意上部矩形的对边平行）。用烧热的镊子将梯形的底部固定在木块上。在石蜡切片机上切成 8～15 μm 厚的蜡带。

7. 粘片 载玻片上涂一薄层粘贴剂（Haupt 粘贴剂配方：明胶 1g＋水 100 mL＋甘油 15 mL＋苯酚 2 g），加几滴蒸馏水（或含有 3％甲醛），切取蜡带，蜡带的光滑面向下覆于水滴上，然后放在 42 ℃左右的温台上，至蜡片受热慢慢伸直展平。用解剖针调整蜡片在载玻片上的位置，吸去多余水分，转移到 42 ℃的温箱中烘干。

8. 脱蜡 切片置于放有二甲苯的染色缸中，重复一次，每次 30～60 min，使材料上的石蜡完全融去。

9. 染色（番红-固绿双染色） 脱蜡后的切片依次经过：二甲苯乙醇混合液（体积比为 1∶1）（1～5 min）→100％乙醇（2 min）→100％乙醇（2 min）→95％乙醇（1 min）→85％乙醇（1 min）→70％乙醇（1 min）→50％乙醇（1 min）→1％番红乙醇溶液（1 g 番红溶入 100 mL 50％乙醇中）（12～24 h）→70％乙醇（30 s）→85％乙醇（30 s）→95％乙醇（30 s）→0.5％固绿乙醇溶液（0.5 g 固绿溶入 100 mL 95％乙醇中）（20～30 s）→100％乙醇（30 s）→100％乙醇（1～2 min）→二甲苯（3 min）→二甲苯（10～30 min）。

10. 封片 从二甲苯中取出载玻片，滴适量中性树胶于玻片上（不能过多），盖上盖玻片，注意避免气泡产生，然后将载玻片放在 30～35 ℃恒温箱中烘干。

显微镜下检查染色后的切片，染色的结果是角质化、木质化的细胞壁和细胞核被染成红色，其他细胞组分被染成绿色。

三、离析制片法

在细胞研究中，不仅要了解细胞的平面结构，更重要的是要研究细胞的立体形态与结构。植物细胞间的胞间层是由果胶质构成的。果胶质在强酸和强氧化剂作用下会发生溶解，导致细胞彼此分离。通过离析的方法可获得分散的、单个的细胞。

(一) 实验目的和要求

学习和掌握 Teffrey's 法离析制片技术的基本原理和流程。

(二) 实验材料和用品

1. 实验材料 木本植物的茎。

2. 实验用品 10%铬酸、10%硝酸、蒸馏水、烧杯、电炉、镊子、解剖刀、解剖针等。

(三) 操作步骤

1. 取样 取已准备好的木本植物茎（以刺槐茎为例），去其树皮部分，将木质部劈成长 1.5~2 cm 的小条。

2. 离析 将劈好的材料先放入烧杯中加水煮沸约 20 min，然后将煮好的材料转入培养皿或小烧杯中，加 10%铬酸和 10%硝酸的混合液，置于室温下 (25 ℃) 离析 12~24 h，离析适当时（中间可用玻璃棒捣碎未分离的材料）为止。

3. 水洗和保存

(1) 水洗。倾去离析液，再经水洗 4~5 次，直至将酸洗净为止。

(2) 保存。将水小心倾倒干净，再将材料转入广口瓶中，加 50%乙醇保存备用。

4. 染色和观察 取少许已离析材料于载玻片上，滴一滴 1%番红染液，用解剖针剥散，盖上盖玻片置显微镜下观察，可见纤维细胞呈长纺锤形，壁厚而细胞腔狭窄，原生质体解体。在高倍镜下将光源亮度调高，虹彩光圈调小，可观察到其加厚壁上狭缝状的纹孔。除木纤维外，还可观察到两端具穿孔的导管（注意观察侧壁的花纹）、木射线、木薄壁细胞以及管胞等不同类型的细胞。调整物镜的高度，可了解细胞的立体形态。

四、GUS 染色技术

(一) 实验原理

GUS 报告基因编码 β 葡萄糖苷酸酶，在适宜的条件下，能使其底物形成蓝色产物，可用肉眼直接观察产物的形成。

(二)操作步骤

取转化 GUS 基因转基因植株的器官,将其浸入冰浴的 90% 丙酮,冰上放置 10 min。然后用 GUS 缓冲液冲洗 3 次,第 1 次加入后迅速倒出,后 2 次加入缓冲液浸泡 5 min 后倒出。加 GUS 染液,抽气 2 次,每次 10 min。在 37 ℃下染色过夜。材料经 70% 乙醇脱色、冲洗后制成临时制片。

附:
(1) GUS 缓冲液的配制。按下表依次加入各成分:

1 mol/L Na_2HPO_4	3.2 mL
1 mol/L KH_2PO_4	1.8 mL
0.1 mol/L $K_3Fe(CN)_6$	5 mL
0.1 mol/L $K_4Fe(CN)_6$	5 mL
Triton X-100	0.5 mL
ddH_2O	84.5 mL
总体积	100 mL

定容后 4 ℃保存。

(2) GUS 染液的配制。按下表依次加入各成分:

1 mol/L Na_2HPO_4	3.2 mL
1 mol/L KH_2PO_4	1.8 mL
0.1 mol/L $K_3Fe(CN)_6$	5 mL
0.1 mol/L $K_4Fe(CN)_6$	5 mL
Triton X-100	0.5 mL
X-Gluc	0.1 g
ddH_2O	84.2 mL
总体积	100 mL

定容后 4 ℃保存。

附录

植物学实验室常用药品试剂的配制与使用

1. 碘-碘化钾（I_2-KI）（iodine-potassium iodide）**溶液** 能将淀粉染成蓝紫色，蛋白质染成黄色，也是植物组织化学测定的重要试剂。

配方：碘化钾 3 g，蒸馏水 100 mL，碘 1 g。先将碘化钾溶于蒸馏水中，待全部溶解后再加碘，振荡溶解，将此液保存在棕色玻璃瓶内。

2. 苏丹Ⅲ 能使木栓化、角质化的细胞壁及脂肪、挥发油、树脂等染成红色或橙红色。

配方：苏丹Ⅲ干粉 0.1 g，95％乙醇 10 mL，溶解、过滤后再加入 10 mL 甘油。

3. 中性红（neutral red）**染色液** 能将活细胞中的液泡染成红色。

配方：称取 0.5 g 中性红溶于 50 mL Ringer 溶液，稍加热（30～40 ℃）使之很快溶解，用滤纸过滤，装入棕色瓶于暗处保存，此为 1％母液。临用前，取 1％母液 1 mL，加入 29 mL Ringer 溶液，混匀，配成 1/3000 的染色液。

4. 1％醋酸洋红（aceto carmine）**酸性染料** 适用于压碎涂抹制片，能使染色体染成深红色，细胞质无色或浅红色。

配方：洋红 1 g，45％醋酸 100 mL。将 45％醋酸煮沸后徐徐加入洋红粉末，避免沸腾。继续煮 2 h 左右，并随时注意补充加入蒸馏水到原体积，然后冷却过滤，加入 4％铁明矾溶液 1～2 滴（不能多加，否则会发生沉淀），放入棕色瓶中备用。如有条件，可用回流器回流 2 h，染色效果更佳。

5. 钌红（ruthenium red）**染液** 钌红与果胶质具有特别的亲和性。染液配制后不易保存，应现用现配。

配方：钌红 5～10 mg，蒸馏水 25～50 mL。

6. 改良卡宝品红（modified carbol-fuchsin）**染色液** 适用于压碎涂抹制片，能将染色体染成红色，细胞质近无色或浅红色。

配方：先配成 3 种原液，再配成染色液。

原液 A：称取 3 g 碱性品红结晶溶于 100 mL 70％乙醇中。

原液 B：取原液 A 10 mL，加入 90 mL 5％苯酚水溶液，充分混匀。

原液 C：取原液 B 55 mL，加入福尔马林、冰醋酸各 6 mL，充分混匀，置于 37 ℃温箱中温溶 2～4 h。

染色液：取原液 C 10～20 mL，加入 90～80 mL 45％冰醋酸和 1.8 g 山梨醇，配成 10％～20％的染色液，室温放置两周后使用（若立即使用，着色能力差）。

该染色液可在室温下存放两年而保持稳定、不变质。

注：原液 A 和原液 C 可长期保存，原液 B 限两周内使用。

7. 脱色苯胺蓝（aniline blue）**染液**　用于胼胝质的荧光观察。在紫外光激发下，胼胝质呈蓝色。

配方：1 mol/L 磷酸钾 100 mL，加 1 g 水溶性苯胺蓝，用 1 mol/L 氢氧化钾调 pH 至 11，放置 2～3 d 后使用。注意避光保存。

8. 番红（safranin）　为碱性染料，适用于染木质化、角质化、栓质化的细胞壁，对细胞核中染色质、染色体和花粉外壁等都可染成鲜艳的红色；并能与固绿、苯胺蓝等做双重染色，与橘红 G、结晶紫做三重染色。根据需要可按照以下 3 种配方配制。

（1）番红水溶液。番红 1 g，蒸馏水 100 mL。

（2）番红乙醇溶液。番红 1 g，50％（或 95％）乙醇 100 mL。

（3）苯胺番红乙醇染色液。甲液：番红 5 g，95％乙醇 50 mL。乙液：苯胺 20 mL，蒸馏水 450 mL。将甲、乙两种溶液混合后充分摇匀，过滤后使用。

9. 固绿（fast green）**乙醇溶液**　又名快绿溶液。为酸性染料，能将细胞质、纤维素细胞壁染成鲜艳绿色，着色很快，故须很好地掌握染色时间。

配方：固绿 0.5～1 g，95％乙醇 100 mL。配后充分摇匀，过滤后使用。

10. 苏木精（hematoxylin）**染液**　苏木精是植物组织制片中应用最广的染料。它是很强的细胞核染料，而且可以分化出不同颜色。配方很多，现仅以海氏（Heidenhain's）苏木精染色液（又称铁矾苏木精染色液）为例。

配方：

甲液（媒染剂）：硫酸铁铵（铁矾）2～4 g，蒸馏水 100 mL。甲液必须保持新鲜，最好临用之前配制。

乙液（染色剂）：0.5％苏木精水溶液。首先，将 10 g 苏木精溶于 100 mL 无水乙醇中，瓶口用双层纱布包扎，使其充分氧化（通常在室内放置两个月后方可使用），配制成 10％的基液。

切片需先经甲液媒染，并充分水洗后才能以乙液染色，染色后经水稍洗再用另一瓶甲液分色至适度。海氏苏木精染液为细胞学上染细胞核内染色质最好的染色剂，但要注意甲液与乙液在任何情况下绝不能混合。

11. FAA 固定液　又称标准固定液、万能固定液。适用于一般根、茎、叶、花药、子房组织切片，在植物形态解剖研究上应用极广。此固定液的最大优点是兼有保存剂作用，但对染色体的观察效果较差。

配方：福尔马林（38%甲醛）5 mL，冰醋酸 5 mL，70%乙醇 90 mL。

幼嫩材料用 50%乙醇代替 70%乙醇，可防止材料收缩；还可加入 5 mL 甘油（丙三醇）以防蒸发和材料变硬。

12. 卡诺氏固定液（Carnoy fixative）　适用于一般植物组织和细胞的固定，常用于根尖、花药压片及子房石蜡切片等。有极快的渗透力，根尖材料固定 15～20 min 即可，花药则需 1 h 左右。此液固定最多不超过 24 h，固定后用 70%乙醇冲洗至不含冰醋酸为止；如果材料不马上用，需保存于 70%乙醇中。

常用配方：95%（或 100%）乙醇：冰醋酸（体积比）＝3∶1。

13. 常用粘贴剂　Haupt 粘贴剂。

配方：明胶（gelatin）1 g，石炭酸（苯酚）2 g，蒸馏水 100 mL，甘油 15 mL。先将蒸馏水加热至 30～40 ℃，慢慢加入明胶，搅拌至全部溶解后，再加入 2 g 石炭酸和 15 mL 甘油，搅拌至全溶为止，然后用纱布过滤，储于瓶中备用。

14. 离析液　可使细胞间层溶解，从而使细胞彼此分离，获得单个完整细胞，以便观察细胞的形态特征。离析液种类很多，最常用的是铬酸-硝酸离析液（Teffrey's 液）。

配方：10%铬酸、10%硝酸，等体积混合即成。适用于木质化组织，如导管、管胞、纤维、石细胞等，亦可用于草质根、茎成熟组织的解离。

15. 显微镜头清洁剂　用 7 份乙醚和 3 份无水乙醇（体积比）混合，放入滴瓶备用。用于擦拭显微镜镜头上的油迹和污垢等。注意：瓶口必须塞紧，以免挥发。

16. 标本消毒剂　用于腊叶标本消毒，常用 0.4%升汞乙醇溶液（95%乙醇 1 000 mL＋升汞 4 g），浸泡标本 0.5～2 min。注意：升汞有剧毒，不要弄到手上，消毒后注意洗手。

参考文献

高信曾，1987. 植物学：形态、解剖部分［M］. 北京：高等教育出版社.
华东师范大学，1982. 植物学：上册［M］. 北京：高等教育出版社.
华东师范大学，1982. 植物学：下册［M］. 北京：高等教育出版社.
何凤仙，2000. 植物学实验［M］. 北京：高等教育出版社.
胡适宜，1983. 被子植物胚胎学［M］. 北京：人民教育出版社.
李扬汉，1984. 植物学［M］. 上海：上海科学出版社.
李正理，1996. 植物组织制片学［M］. 北京：北京大学出版社.
李正理，张新英，1996. 植物解剖学［M］. 北京：高等教育出版社.
陆时万，徐祥生，沈敏健，1991. 植物学［M］. 2版. 北京：高等教育出版社.
马炜梁，20158. 植物学［M］. 2版. 北京：高等教育出版社.
强胜，2017. 植物学［M］. 3版. 北京：高等教育出版社.
汪劲武，1985. 种子植物分类学［M］. 2版. 北京：中国林业出版社.
汪小凡，杨继，2006. 植物生物学实验［M］. 北京：高等教育出版社.
王英典，刘宁，2001. 植物生物学实验指导［M］. 北京：高等教育出版社.
徐汉卿，1996. 植物学［M］. 北京：中国农业出版社.
姚家玲，2009. 植物学实验［M］. 2版. 北京：高等教育出版社.
杨继，2000. 植物生物学实验［M］. 北京：高等教育出版社.
杨世杰，2000. 植物生物学［M］. 北京：科学出版社.
张宪省，2014. 植物学［M］. 2版. 北京：中国农业出版社.
赵遵田，苗明升，2004. 植物学实验教程［M］. 北京：科学出版社.
郑国锠，1992. 细胞生物学［M］. 2版. 北京：高等教育出版社.
郑湘如，王丽，2007. 植物学［M］. 2版. 北京：中国农业大学出版社.
中国科学院植物研究所，1972. 中国高等植物图鉴：1～5册［M］. 北京：科学出版社.
中山大学，南京大学，1978. 植物学：系统、分类部分［M］. 北京：人民教育出版社.
周仪，1993. 植物形态解剖实验［M］. 修订版. 北京：北京师范大学出版社.
周云龙，2011. 植物生物学［M］. 3版. 北京：高等教育出版社.
Crawford B C W, Ditta G, Yanofsky M F, 2007. The *NTT* gene is required for transmitting-tract development in carpels of *Arabidopsis thaliana* ［J］. Current Biology, 17:

1101-1108.

Evert R F, 2006. Esau's plant anatomy [M]. 3rd ed. New York: John Wiley & Sons Inc.

Johri B M, 1984. Embryology of angiosperms [M]. Berlin: Springer-Verlag.

Laux T, 2003. The stem cell concept in plants: a matter of debate [J]. Cell, 113: 281-283.

Sarkar A K, Luijten M, Miyashima S, et al, 2007. Conserved factors regulate signalling in *Arabidopsis thaliana* shoot and root stem cell organizers [J]. Nature, 446: 811-814.

Sieburth L E, Meyerowitz E M, 1997. Molecular dissection of the *AGAMOUS* control region shows that cis elements for spatial regulation are located intragenically [J]. Plant Cell, 9: 355-365

Steeves T A, Sussex I M, 1989. Patterns in plant development [M]. New York: Cambridge University Press.

Würschum T, Groß-Hardt R, Laux T, 2006. *APETALA2* regulates the stem cell niche in the *Arabidopsis* shoot meristem [J]. Plant Cell, 18: 295-307.

图书在版编目（CIP）数据

植物学实验指导：北方本/张宪省，李兴国主编. —2版. —北京：中国农业出版社，2021.7（2024.8重印）

普通高等教育农业农村部"十三五"规划教材　全国高等农林院校"十三五"规划教材

ISBN 978-7-109-28207-0

Ⅰ.①植… Ⅱ.①张… ②李… Ⅲ.①植物学—实验—高等学校—教材 Ⅳ.①Q94-33

中国版本图书馆 CIP 数据核字（2021）第 083238 号

中国农业出版社出版
地址：北京市朝阳区麦子店街 18 号楼
邮编：100125
策划编辑：宋美仙　　责任编辑：宋美仙　郑璐颖
版式设计：杜　然　　责任校对：刘丽香
印刷：北京中兴印刷有限公司
版次：2015 年 7 月第 1 版　2021 年 7 月第 2 版
印次：2024 年 8 月第 2 版北京第 4 次印刷
发行：新华书店北京发行所
开本：720mm×960mm　1/16
印张：7.75　　插页：2
字数：140 千字
定价：22.50 元

版权所有·侵权必究
凡购买本社图书，如有印装质量问题，我社负责调换。
服务电话：010-59195115　010-59194918

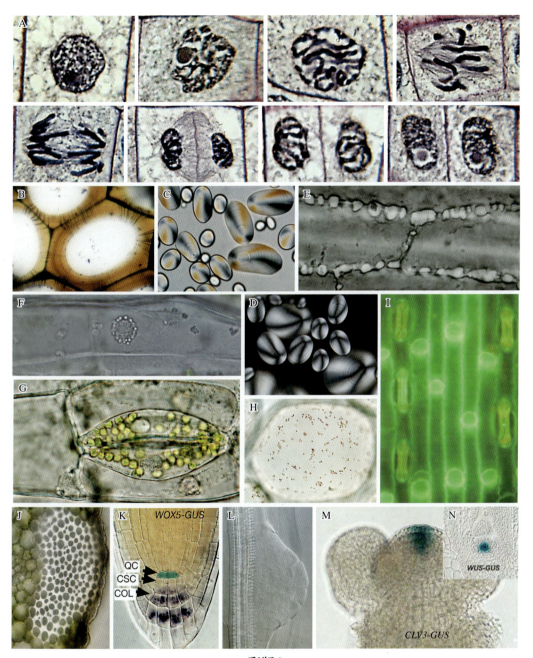

彩版1

A.洋葱根尖细胞的有丝分裂　B.柿胚乳细胞（示胞间连丝）　C、D.马铃薯淀粉粒（微分干涉差效果）　E.小麦果皮细胞（示单纹孔）　F.紫竹梅叶下表皮细胞（示白色体）　G.紫竹梅叶下表皮细胞（示气孔器内的叶绿体）　H.番茄果肉细胞（示有色体）　I.小麦叶上表皮　J.芹菜叶柄横切面（示厚角组织）　K.拟南芥根尖（示静止中心）　L.拟南芥侧根原基　M、N.拟南芥茎端干细胞和组织中心

（B~D、F~J、L、M由李兴国摄，E由高新起摄）

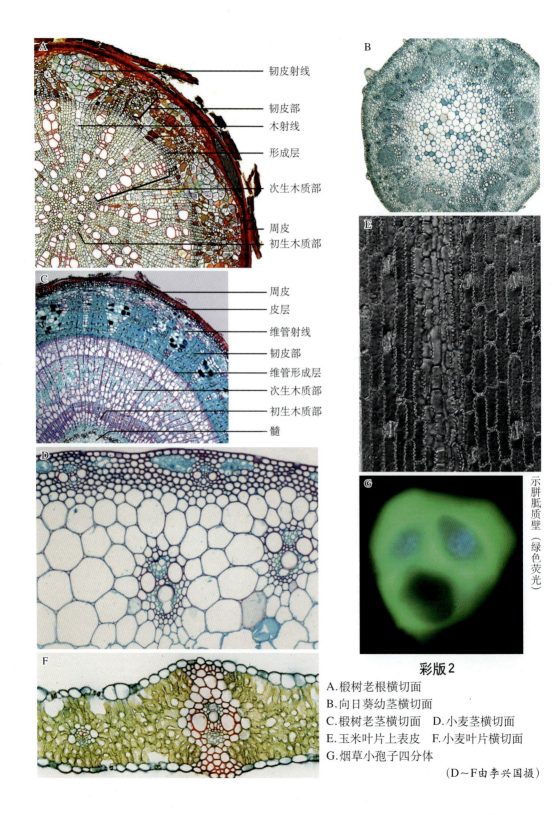

彩版2
A. 椴树老根横切面
B. 向日葵幼茎横切面
C. 椴树老茎横切面 D. 小麦茎横切面
E. 玉米叶片上表皮 F. 小麦叶片横切面
G. 烟草小孢子四分体

（D~F由李兴国摄）

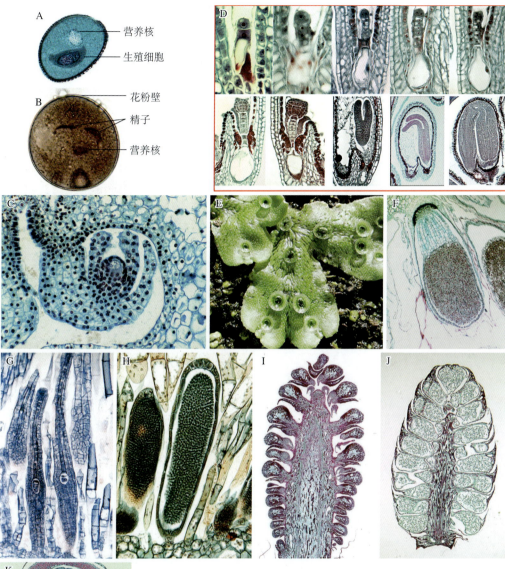
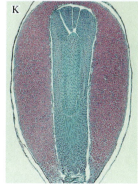

彩版3

A. 百合成熟花粉粒　B. 小麦成熟花粉粒
C. 百合子房横切面（示胚珠和大孢子母细胞）　D. 百合胚的发育
E. 地钱的配子体　F. 地钱的孢子体　G. 藓的颈卵器
H. 藓的精子器　I. 松的大孢子叶球纵切面
J. 松的小孢子叶球纵切面
K. 松种子纵切面（外种皮已剥去）

（B、C由李兴国摄）

彩版 4

A. 毛茛（*Ranunculus japonicus*） B. 诸葛菜（*Orychophragmus violaceus*） C. 木瓜（*Chaenomeles sinensis*）
D. 圆叶牵牛（*Pharbitis purpurea*） E. 马铃薯（*Solanum tuberosum*） F. 石竹（*Dianthus chinensis*）
G. 紫荆（*Cercis chinensis*） H. 构树（*Broussonetia papyrifera*） I. 松蒿（*Phtheirospermum japonicum*）
J. 阿拉伯婆婆纳（*Veronica persica*） K. 小药八旦子（*Corydalis caudata*） L. 凤尾丝兰（*Yucca gloriosa*）
M. 三脉紫菀（*Aster ageratoides*） N. 扁秆藨草（*Scirpus planiculmis*）

（A、B、I～M 由李兴国摄，C～H、N 由彭卫东摄）